ILLUSTRATED HANDBOOK

名犬图鉴

331种世界名犬 驯养与鉴赏图典

日本芝风有限公司◎编著　崔柳◎译

河北科学技术出版社

目 录

JKC 登记犬种 >>>

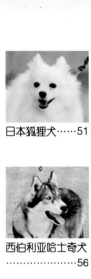
日本狐狸犬……51

凯恩梗犬………52

英国可卡犬……53

猎狐梗犬（硬毛）
………………54

平毛寻猎犬……55

西伯利亚哈士奇犬
…………56

卷毛比熊犬……57

大麦町犬………58

苏格兰梗犬……59

杜宾犬…………60

德国牧羊犬……61

比利牛斯山地犬…
…………62

中国冠毛犬……63

波索尔犬………64

德国拳师犬……65

巴吉度猎犬……66

大丹犬…………67

贝森吉犬………68

诺福克梗犬……69

罗威纳犬………70

魏玛猎犬………71

迷你斗牛梗犬…72

惠比特犬………72

圣伯纳犬………73

秋田犬…………73

爱尔兰红色蹲猎犬
…………74

萨路基犬………74

纽芬兰犬………75

布鲁塞尔格里芬犬
…………75

甲斐犬…………76

澳大利亚牧羊犬…
…………76

西藏猎犬………77

万能梗犬………77

阿富汗猎犬……78

英国史宾格犬…78

4

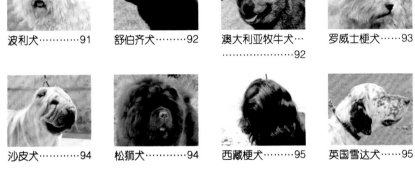

9

11

犬类相关用语解释

宠物笼
铁制或塑料制的围栏，在室内饲养狗狗时使用。带有卧室、厕所及盛放食物的器皿。

宠物床
类似床一样的小屋，狗狗可以躺在里面，使它有一个舒适的休息环境。

宠物厕所
固定的厕所。

宠物尿垫
铺在宠物厕所上面的纸，也可以放在其他地方，携带很方便。

宠物热宝
专为狗狗设计的电子保温设备，可以铺在宠物床下面。

宠物包
能够把狗狗放在里面背着行

走。其内部的空间较大，种类也比较多。

牵引绳
牵引狗狗的绳子，有多种材质和类型。

不锈钢颈带
与颈环连在一起的牵引绳，比较精美，也便于在散步的时候使用。

毛刷
由猪毛等制成，是短毛犬的清洁工具，能够让被毛更具光泽。

平头刷

金属材质、带有珠针的刷子，能够清除被毛里的污垢并带走脱落的被毛，是长毛犬的清洁工具。使用时要注意避免珠针划破狗狗的皮肤。

圆头刷
同样是带有珠针的刷子，能够在清除脱落被毛的同时起到按摩的作用，适合被毛又硬又长的犬种。

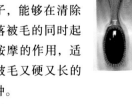

梳子
梳理被毛的工具，能够带走

脱落的被毛。

宠物剪
为了让狗狗的样子更漂亮，可用它来剪掉一些被毛。

美毛剪
用来梳理或修理狗狗的被毛。

牵引运动
在跑步或骑自行车的时候带着狗狗一起运动。

自由运动
让狗狗自由地活动，寻找它喜欢的东西。

宠物公园
专门供宠物玩耍的场所。

宠物美容师
专门为猫咪或狗狗提供美容服务。

育种师
犬种培育或繁殖的专家。

换毛期
犬类会在季节交替的时候换毛，一般是每年的 10 月、11 月时开始长出下毛，次年 4 月、5 月的时候脱落。

肉垫
足底类似肉球的东西，能够减轻外部对于足底的压力和刺激。

狼爪
正常狗爪上方多余的带钩的爪，是退化的大拇指，一般需要切除。大多

长在前爪上，也有长在后爪上的情况。

断耳

杜宾犬（Dobermann）、德国拳师犬（German Boxer）等犬种，本来属于垂耳的类型，常在出生后 3~5 个月被切除一部分耳朵以达到立耳效果。现在这种做法已经在欧洲等地区被禁止，而且做过断耳手术的犬种也不能进口到日本。

断尾

为了让犬类外表更漂亮，会在其出生后 10 天左右将其尾巴切除。现在这种做法已经在欧洲等地区被禁止，而且做过断尾手术的犬种也不能进口到日本。

占地盘

很多狗狗都会在散步的时候小便以划分地盘。

做记号

狗狗在散步时排尿后，它会记住属于自己的气味，然后下次还在那里排尿。排尿之前它会低头去闻。

无故吠叫

不是出于警惕性，主人也制止不了的不停吠叫。

寄生虫

寄生在动物体内或体外的生物，很容易引发疾病。跳蚤、蜱等寄生在体外，犬丝状虫寄生在体内，可能会引发心脏病或肠道疾病。

犬丝状虫

犬丝状虫会在犬类的血管中寄生、繁殖，然后腐蚀犬类的身体进而引发疾病。这种寄生虫一般是通过蚊子进入犬类身体，所以在蚊虫出现的月份之前直至蚊虫消失后一个月持续给予预防药物，效果很好。

狂犬病

到目前为止，一旦狂犬病发病，还没有能够控制的方法，犬类几乎百分之百会死于病毒性的感染。犬类患病时会出现神经错乱等症状，很可能攻击人类。而且，狂犬病的病毒还可能传播给包括人类在内的哺乳动物。法律规定饲养犬类都要为其注射狂犬疫苗。

疫苗注射

为预防犬类的传染病而注射的疫苗，一般每年要注射两次，特别是在幼犬期。

肛门腺

犬的肛门腺又称肛门囊，是一对梨状的腺体。肛门腺内充满肛门腺液，积久会变成黑色或深咖啡色的液状或泥状物，臭不可闻，需要定期进行清理。

伴侣犬

作为家庭犬饲养的犬种。

玩具犬

作为玩赏用途的犬种。

畜牧犬

牧羊犬、牧牛犬、护羊犬等犬种的统称，以柯利犬（Collie）和边境牧羊犬（Border Collie）为典型代表。畜牧犬的英文（Herding Dog）意思是"放牧家畜的犬种"。

牧畜犬

看管猪、牛等家畜的犬种。

牧羊犬

看管羊群的犬种，以柯利犬（Collie）为典型代表。

护羊犬

看护羊群，防止狼等野兽的入侵，以波利犬（Puli）和可蒙犬（Komondor）为典型代表。

牧牛犬

看管牛群的犬种，牛的英文是"Cattle"，所以牧牛犬叫做 Cattle Dog（牧牛犬）。

猎鸟犬

能够帮助猎人指示鸟的位置，并且将击落的猎物取回，以英国可卡犬（English Cocker Spaniel）为典型代表。

狐狸犬

以柴犬（Shiba）为典型代表，耳朵挺直竖起，口吻部呈锥形。

梗犬

用来狩猎獾、狐狸、老鼠等动物的犬种的统称。它们能够进入到动物的洞穴中，是狩猎的能手。

獾

在欧洲、美国、日本等地区比较常见，它们在农田或牧场里挖洞，是破坏农作物的有害动物。很多犬种就是专门为了捕捉它而培育的。

猎犬

为了追踪猎物的踪迹而培育的狩猎犬的统称。

嗅觉猎犬

利用敏锐的嗅觉去捕捉猎物的犬种。

视觉猎犬

能够在很远的地方看到猎物，并且以很快的速度追上猎物的犬种，一般身

材都很纤细。

工作犬

用于警卫、救援、探索、拖拉雪橇或货物的犬类的统称，能够帮助人们完成很多工作。

水犬

在海洋、河流、湖泊边工作的犬种，一般都擅长游泳。

狩猎犬

主要作用是狩猎野熊，以秋田犬（Akita）为典型代表。

斗犬

用于犬类之间搏斗比赛的犬种，以土佐犬（Tosa）、斗牛獒犬（Bullmastiff）最为有名。

军用犬

在军队中帮助传达命令或监视敌情的犬种，以德国牧羊犬（German Shepherd Dog）和大丹犬（Great Dane）为典型代表。

警犬

帮助警察搜寻犯罪线索、根据气味追踪犯人的犬种。最常见的有德国牧羊犬（German Shepherd Dog）和拉布拉多寻猎犬（Labrador Retriever）。

缉毒犬

在机场等特殊的环境中帮助搜寻货物及行李里面隐藏的毒品。

灾难搜救犬

在灾难发生后通过嗅觉去搜救

掩埋在废墟下面的幸存者。

水上搜救犬

在水灾发生后搜救幸存者，以纽芬兰犬（Newfoundland）最为有名。

导盲犬

能够为视力障碍人士提供帮助的犬种，以拉布拉多寻猎犬（Labrador Retriever）为代表。

助听犬

能够为听力障碍人士提供帮助的犬种，同时可以作为宠物犬。

看护犬

能够为身体残疾人士提供帮助的犬种。

医疗犬

在医院等环境中帮助人们治疗疾病的犬种，这种疗法叫做动物性疗法。

土著犬

一直生活在某一特定地区的犬种。

犬种标准

犬种标准就是对纯种犬的特征规定的集合。从体型的大小到被毛的颜色、自身的缺陷等都有详细的规定。不同的组织所确定的犬种标准可能稍有差异。

JKC

日本犬业俱乐部（社团法人）的简称，1949 年成立，当时名为"日本警犬协会"，1952 年变更为现在的名字。这是日本最大的由爱犬人士组成的团体，负责发行血统认证书、举办犬展及各种竞技比赛、召开与犬类相关的讲座等。

KC

英国养犬俱乐部。

AKC

美国育犬协会。

FCI

世界畜犬联盟的简称，总部位于比利时。设立于 1911 年，负责认定和统一各个犬种原产国的标准、举办犬展及召开与犬类相关的讲座。它包含有 80 多个犬类组织，JKC 也是其成员之一。

登记数量

各个犬类组织所登记的犬类数量。JKC 的登记数量是指每年出生于日本的纯种幼犬的数量。

未登记犬种

犬类组织没有登记的犬类数量。本书中的"未登记犬种"是指 2006 年没有在 JKC 登记的犬种。

认证犬种

经过各个犬类组织认证的犬种。每个国家的标准可能不太一样，本书以 FCI 的认证犬种为准。

犬种分类

世界上的名犬可以根据形状、用途等分为很多个种类。具体的分类方法会因国家及地区的不同而有所差异，比如美国、英国、加拿大、澳大利亚等都有自己的分类标准。不过，世界畜犬联盟（FCI）及日本犬业俱乐部（JKC）界定的10大类别还是能够被人们普遍认同和接受。

第 1 组	牧羊犬和牧牛犬组。一般当做家畜来饲养，所以大多在家畜市场上进行交易。需要注意的是，瑞士高山牧牛犬被划分在第 2 组里。
第 2 组	宾莎犬和雪纳瑞类獒犬、瑞士山地犬和瑞士牧牛犬组。这些犬类由于在古罗马战争时期被作为军用犬饲养，所以单独划分成一组。
第 3 组	梗犬组。大多是像约克夏梗犬（Yorkshire Terrier）一样拥有可爱外形的小型犬，它们能够进入洞穴中捕捉动物，比较活跃，也很机敏。
第 4 组	腊肠犬组。根据体型分为标准、小型和迷你三种，再加上毛质上的短毛、长毛、硬毛的差异，一共有 9 种类型。
第 5 组	尖嘴犬和原始犬种组。日本最具代表性的柴犬（Shiba）以及博美犬（Pomeranian）、西伯利亚哈士奇犬（Siberian Husky）等都属于这一组。
第 6 组	嗅觉猎犬及相关犬种组。小猎犬（Beagle）、大麦町犬（Dalmatian）、巴吉度猎犬（Basset Hound）、小格里芬旺代犬（Petit Basset Griffon Vendeen）等都属于这一组。
第 7 组	短毛大猎犬组。以英国指示犬（English Pointer）和爱尔兰红色蹲猎犬（Irish Red Setter）为代表，在猎鸟的时候能够帮助发现和取回猎物。
第 8 组	寻猎犬、搜救犬和水犬组。它们能够发现隐藏着的猎物、迅速取回被击中的猎物或者在水中捕获猎物。
第 9 组	伴侣犬和玩具犬组，也可叫做家庭犬和玩赏犬组。包括吉娃娃犬（Chihuahua）、贵宾犬（Poodle）、蝴蝶犬（Papillon）、西施犬（Shih Tzu）、马尔济斯犬（Maltese）等等，都是非常受欢迎的犬种。
第 10 组	灵缇犬组。它们能够在很远的地方发现猎物，并迅速到达猎物的位置，也被称为视觉猎犬。一般体形纤细，四肢较长，以波索尔犬（Borzoi）、阿富汗猎犬（Afghan Hound）为代表。

犬类的被毛及被毛颜色

据说犬类与人类的相处已经有 1 万多年的历史。在这个漫长的过程里，犬种发生了多样的变化，它们的被毛及被毛的颜色也变得越来越丰富。被毛的质地不同，打理的方法也不一样。所以我们需要介绍一下相关的内容。

被毛的类型

硬毛
被毛又粗又硬，英文是 Wire-haired。

长毛
被毛较长，英文是 Long-haired。

短毛
被毛较短，英文是 Short-haired。

无毛
没有被毛，比如中国冠毛犬（Chinese Crested Dog）。
上毛
犬类身体最外面的一层被毛，比较硬。
下毛
长在上毛下面的浓密、柔软的被毛，具有保持体温、防水等作用。一般秋天的时候长出来，第二年夏天脱落。有些犬种没有下毛。

单重毛
没有下毛、只有上毛的犬种。
双重毛
拥有上毛和下毛两层被毛的犬种。
开立毛
长在上毛之上，颜色很淡的整块的被毛。
装饰毛
长在耳朵、四肢、尾巴等部位的长毛。
斑点
与被毛的底色有很大色差，散布在全身。

斑斓
小面积的斑点，除了底色外一般只有一种颜色。
斑纹
由多种颜色构成的被毛。
白斑
长在犬类两只眼睛之间的白色斑点。
面罩
长在口吻或前额部位的色彩较浓的被毛，是辨别獒犬（Mastiff）和拳师犬（boxer）等犬种的重要特征。如果颜色特别黑，就叫做黑面罩。

多种多样的被毛颜色

杏黄色

黄色

小麦色

奶油色

灰色

金色

黑貂色

巧克力色

三色

杂色

小丑色

纯白色

浅黄褐色

黑黄间杂

黑色

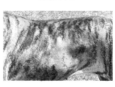
混合色

蓝色

贝尔顿色

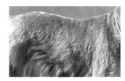
胡椒色

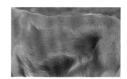
红色

红白色

猪肝色

杏黄色（Apricot）明亮的红黄褐色。

黄色（Yellow）淡淡的茶色，以拉布拉多寻猎犬（Labrador Retriever）为代表。

小麦色（Wheaten）指淡黄色。

奶油色（Cream）乳白色。

灰色（Gray）从暗淡到明亮，色彩的范围很广。

金色（Gold）黄金色。像黄金一样耀眼的黄褐色。

黑貂色（Sable）黄褐色系的毛中，重叠着顶端成黑色的毛。

巧克力色（Chocolate）指深红褐色。

三色（Tri color）指白、黑、棕三色相间，以硬毛猎狐梗犬（Wire Fox Terrier）为代表。

杂色（Party color）在白色的底纹上有1~2种明显的斑纹。

小丑色（Harlequin）白色底纹上有黑色或灰色的不规则斑点。

纯白色（Pure White）纯白色。

淡黄褐色（Fawn）金色中夹杂着黑色，范围很广。

黑黄间杂（Black and tan）在黑色底纹上带有黄褐色的小斑点，一般分布在眼皮、四肢、胸口等部位。

黑色（Black）黑色。

混合色（Brindle）主要的底色中均匀地分布着其他颜色的毛。

蓝色（Blue）蓝色，范围很广。

贝尔顿色（Belton）蓝色的被毛上分布着细小的白色斑点。

胡椒色（Pepper）带有深绿色的黑色。

红色（Red）带有红色的褐色。

红白色（Red and White）只有红白两种颜色。

猪肝色（Liver）像肝脏一样的深红褐色。

赤色 日本犬特有的颜色，从黄褐色到深红色范围很广。

赤胡麻色 在红色的底色中带有黑色的被毛。

赤虎色 在红色中掺杂着黑色的网状的条纹。

伊莎贝拉色（Isabella）淡栗子色。

狼灰色（Wolf gray）根据毛色的混合比例不同，颜色的范围很广。

橘黄色（Orange）就是淡黄褐色，以博美犬（Pomeranian）最为有名。

戈蜡色（Gruzzle）黑色系中混合着灰色系、红色系的毛。

黑胡麻色 比胡麻色的黑色比例要更大一些。

黑虎色 在黑色中掺杂着红色的斑纹，比虎色更黑。

胡麻色 白色和黑色各半。

沙砾色（Sand）沙土的颜色。

银色（Silver）明亮的灰色。

深灰色（Slate blue）暗灰色中带有蓝色。

单一色（Self color）没有浓淡区别的单一的颜色。

棕褐色（Tan）也可称为黄褐色。

栗子色（Chestnut）指红棕色。

虎色 日本犬特有的颜色，在白色中掺杂着黑色的斑纹。

海狸色（Beaver）棕色和蓝色混杂的颜色。

饼干色（Biscuit）淡淡的奶油色。

淡棕色（Fallow）就是淡黄色。

棕色（Brown）褐色或茶色。

蓝石灰色（Blue marle）混杂着黑、蓝、灰的大理石颜色。

桃红色（Mahogany）也可称为红褐色。

鲜红色（Ruby）深栗子色。

杂色（Roan）在底色上掺杂着白色的毛。

犬类的身体部位

头部
耳朵
头骨
前脸、口吻
脖颈
鼻子
马肩隆（从这里开始计算身高）
上颚
下颚
尾巴
肩
膝盖
胸
肘
跗关节
前腿
后腿
脚爪

耳朵的形状

直立耳（Prick ear）

直立耳也被称为立耳，以柴犬（Shiba）为典型代表。即使将耳朵砍断，剩余的部分也会耸立起来，不过这种残忍的做法现在在欧洲等地区已经被明令禁止。

纽扣耳（Button ear）

垂耳的一种，耳朵会自然垂落，紧贴着前脸，以万能梗犬（Airedale Terrier）为典型代表。

玫瑰耳（Rose ear）

半立耳的一种，耳朵呈现出半垂落的状态，能够清晰地看见外耳的轮廓。外观上很像玫瑰的花瓣，所以叫做玫瑰耳，以斗牛犬（Bulldog）为典型代表。

半立耳（Semi-prick ear）

耳朵前端四分之一的部分呈垂落状态，以牧羊犬（Shepherd Dog）为典型代表。从广义上来说，玫瑰耳和 V 形耳也属于半立耳的范畴。

V 形耳（V-Shape ear）

也被称为三角耳，又分为直立三角耳和垂落三角耳两种类型，以斗牛獒犬（Bull Mastiff）为典型代表。

蝙蝠耳（Bat ear）

直立耳的一种，耳郭的面积较大，耳朵前端呈圆弧形，就像蝙蝠的翅膀。以法国斗牛犬（France Bulldog）为典型代表。

本书的阅读方法

小型犬　身高30cm以下，体重10kg以下。
中型犬　身高30～60cm，体重10～30kg。
大型犬　身高60cm以上，体重30kg以上。

关于划分标准
本书对于犬类的划分标准自成一体。实际上，在世界范围内也没有一种确定的标准，最常见的划分方法是超小型犬、小型犬、中型犬、大型犬、超大型犬。本书只选择了小型犬、中型犬、大型犬三个分类，优先以体重为衡量标准。

FCI 犬种编号　　　　　　JKC 排名

对于犬种的 10 组分类，具体请参照第 17 页 FCI 及 JKC 的通用标准。

第9组
犬种编号 140

Boston Terrier
波士顿梗犬
兼备活泼和机警两种特点的魅力犬种

小型犬
人气排名
第 23 位

相关数据

体　重：分为三个等级
小型犬：6.8kg 以下；
中型犬：6.8～9kg；
大型犬：9～11kg

价　格：人民币 1.5 万～3.8 万元
原产地：美国
性格特点：冷静、温和、聪明
易患疾病：口盖开裂、心脏病、皮肤病、听力障碍、眼疾

起源及历史：它起源于美国，已经有100年的历史，是由比特犬（Pit Bull）、德国拳师犬（German Boxer）、法国斗牛犬（French Bulldog）、斗牛犬（Bulldog）、斗牛梗犬（Bull Terrier）交配而成，到 1920 年被全世界所熟识。

驯养指数
4 判断力
4 社会性、协调性
4 易驯养性
4 友好性
3 健康性
3 适合初学者

正义感极强的绅士

它既能够活跃地到处玩耍，又能够同时注意观察周围的情况，并在有需要的时候及时采取行动。

和外表的差异较大，它喜欢和主人黏在一起，需要随时有人陪伴。

它很值得信任，对家人的安全非常在意。它的感情很细腻，如果感到受了委屈会不停地吠叫，有时候还可能暴露出攻击性，所以需要注意平时的沟通。

它还很聪明，大眼睛闪烁着智慧的光芒。和它开玩笑不要过分，否则可能会有危险。

44

这部分内容是犬类的驯养系数，黄色的面积越大表示越容易驯养。

●判断力
黄色的面积越大表示越聪明，越易领会训练意义。
●社会性、协调性
黄色的面积越大表示越容易与其他犬相处，越不易吠叫。
●健康性
黄色的面积越大表示越不易生病。
●适合初学者
黄色的面积越大表示越适合初学者。
●友好性
黄色的面积越大表示越友好，越不易乱咬。
●易驯养性
黄色的面积越大表示越喜欢被人类驯养。

运动量
这部分内容反映了犬类每天必要的运动量。

10分钟 ×2　按照普通的散步速度每天运动两次，每次10分钟。

30分钟 ×2　按照快走速度每天运动两次，每次30分钟。

60分钟 ×2　按照自行车骑行的速度每天运动两次，每次60分钟。

耐寒性　运动量

30分钟 ×2
清洁工具

耐寒性
一般来说，犬类的耐寒性都很强，天气热的时候其抵抗力反而会下降，不过也有一些犬类耐寒性较差。这部分内容就是反映它们对寒冷的抵抗程度。

耐寒性较差，冬天的时候最好多待在温暖的室内。

耐寒性适中，对于天气的冷热变化没有太明显的反应。

耐寒性较强，在雪地里睡觉都没有关系。

清洁工具
这部分内容是清洁犬类被毛时会用到的工具，按照用途分为下面 4 种。

平头刷　长毛犬的清洁工具，能够清除被毛里的污垢并带走脱落的被毛。

圆头刷　同样是长毛犬的清洁工具，能够在清除脱落被毛的同时起到按摩的作用。

毛刷　短毛犬的清洁工具，能够在按摩的同时让被毛更具光泽。

梳子　梳理被毛的工具，能够防止打结并带走脱落的被毛。

Standard Dachshund

腊肠犬（迷你腊肠犬）

活泼开朗、能够理解家人意图的优秀犬种

小型犬

人气排名

第**1**位

相关数据

身　高：	21~27cm
体　重：	4.8kg 以下
价　格：	人民币 1.1 万 ~3 万元
原产地：	德国
性格特点：	活泼、好奇心强、憨厚、黏人、重感情
易患疾病：	椎间盘突出
起源及历史	标准腊肠犬主要用于狩猎獾，小型腊肠犬主要用于狩猎野兔等小动物。再加上迷你腊肠犬，共有三种类型。

驯养指数

```
            3 判断力
3                      3
易驯养性              社会性、
                      协调性

4                      4
友好性                健康性
            5 适合初学者
```

耐寒性

运动量

20 分钟 ×2

清洁工具

经过反复训练能够变成理想的家庭犬

　　它活泼好动，很讨人喜欢；它好奇心很强，总是会积极地去探索新鲜的事物；心思细腻，能够感受到家人的情绪；观察力敏锐，长时间在一起生活后，能够迅速地理解主人的指令；判断力和行动力都很强，经过反复训练和长期沟通一定能够成为接近完美的家庭犬。

　　按照被毛的不同腊肠犬可以分为短毛、长毛和硬毛 3 种类型，性格也稍有差异。短毛的腊肠犬比较活泼，长毛的比较沉稳、黏人，硬毛的有些敏感。

Chihuahua

吉娃娃犬

与可爱外表差异较大的自负的超小型犬

小型犬

人气排名

第**2**位

相关数据

身　　高：	15~23cm
体　　重：	2.7kg 以下
价　　格：	人民币 1.5 万 ~3 万元
原 产 地：	墨西哥
性格特点：	娇气，自负
易患疾病：	膝盖脱臼、口盖开裂、气管塌陷、眼疾

起源及历史	关于它的起源有很多种说法，最有说服力的一种是其祖先"Techichi"是 9 世纪时居住在墨西哥周围的游牧民族的圣犬，19 世纪中期传入美国的西南部地区，被改良成现在的模样。

JKC 登记犬种

驯养指数

2 判断力

2 易驯养性

2 社会性、协调性

2 友好性

4 健康性

4 适合初学者

耐寒性

运动量

10 分钟 ×1

清洁工具

外表非常可爱，需要经过训练才会变乖

它很天真，喜欢自由自在地玩耍，同时又很敏感，情感非常细腻。

它和猫的性格可能要更接近一些，总是生活得很自我，高兴的时候会很活跃，不高兴的时候就很安静。如果你突然将它抱起，它会迷惑地看着你甚至用牙齿咬你，哪怕你是它的主人。这种性格使吉娃娃犬比较适合独自在家，它不会感到寂寞，悠闲自在的环境还可能让它更高兴。这些特点都和猫很相似。

总体来说它比较自负，不过也会根据被毛的不同有些差异。短毛的吉娃娃犬会随和一些，长毛的要更敏感，不过稍微沉稳一点。但无论哪种吉娃娃犬看到比自己大的犬种都会不停地吠叫。

Poodle

贵宾犬（玩具贵宾犬）

聪明活泼、人见人爱的超人气犬种

小型犬

人气排名

第**3**位

JKC 登记犬种

相关数据

身　高	28cm 以下
体　重	约 3kg
价　格	人民币 1.5 万 ~4.5 万元
原产地	法国
性格特点	聪明、顺从、好奇心强
易患疾病	皮肤病、流泪症、睾丸囊肿

起源及历史　这是将标准贵宾犬小型化后得到的迷你贵宾犬再小型化的犬种，诞生于 18 世纪的路易十六时期。它在 19 世纪拿破仑二世的时候最受欢迎，人们经常会在它的颈部佩戴上宝石。

驯养指数

4 判断力

4 社会性、协调性

4 易驯养性

3 健康性

4 友好性

4 适合初学者

耐寒性

运动量

20 分钟 ×2

清洁工具

容易沟通，和小孩子也能成为好朋友

　　贵宾犬按照体型可以分为 4 种，性格也稍有差异。体型最大的标准贵宾犬总是满怀自信，给人一种沉稳、聪明的感觉。中型贵宾犬也很稳重，不过要更独立一些，聪明、健康、有活力。小型贵宾犬和前两者有些差异，很黏人，玩具贵宾犬在这方面的表现要更明显一些。

　　玩具贵宾犬最为小巧，其毛茸茸的身体也十分可爱。它的依赖性很强，喜欢时刻黏在主人的身边。

第3组

犬种编号
86

Yorkshire Terrier

约克夏梗犬

拥有宝石般华丽被毛的魅力小型犬

小型犬

人气排名

第**4**位

相关数据

身　　高：约23cm

体　　重：3kg 以下

价　　格：人民币 0.9 万 ~1.9 万元

原 产 地：英国

性格特点：争强好胜、开朗

易患疾病：膝盖脱臼、心脏病、尿路
结石

| 起源及历史 | 19 世纪中期的时候，在英国的工业城市约克夏地区，工人们常在家中或工地上饲养它来捕捉老鼠。当时约克夏梗犬的体型要比现在大很多。 |

JKC 登记犬种

驯养指数

2 判断力

2
易驯养性

3
社会性、
协调性

3
友好性

2
健康性

4 适合初学者

耐寒性

运动量

10 分钟 × 2

清洁工具

有些黏人、有些固执的小型犬

它的被毛像丝绸般顺滑，非常高贵，因此被欧洲上层社会称为"活动的宝石"。它很喜欢和主人黏在一起，在主人身边会高高兴兴地跑来跑去。它很有主张，经常会通过吠叫来吸引别人的注意。不过，它这种黏人的性格也有相反的一面。比如它自己在家时警惕性会特别强，如果独自在家或寄养的时间特别长还可能会因为情绪压抑而生病。它对主人很忠诚，可是对其他人却表现得漠不关心。它非常在乎主人对它的态度，希望得到肯定与赞扬，因此在平时要注意尽量多和它沟通。

Papillon

蝴蝶犬

漂亮的大耳朵仿佛展翅欲飞的蝴蝶

相关数据

身　高：	20~28cm
体　重：	4~4.5kg
价　格：	人民币 1.1 万 ~2.3 万元
原 产 地：	法国、比利时
性格特点：	聪明、胆小
易患疾病：	膝盖脱臼、眼疾

起源及历史　蝴蝶犬的祖先是西班牙的一种猎犬，在 18 世纪的时候，因为深受法国王妃玛丽安德渥内特的喜爱而风靡一时，经常会与贵妇们一起出现在肖像画中。

驯养指数　　4 判断力

2 易驯养性　　　2 社会性、协调性

2 友好性　　　4 健康性

3 适合初学者

小型犬
人气排名
第**5**位

耐寒性

运动量

20 分钟 ×1

清洁工具

需要注意它如贵妇般高傲的性格

它的名字是法语的"蝴蝶"，和这个美丽的名字一样，它耳朵附近的被毛就像蝴蝶的翅膀一样，非常高贵优雅。可实际上它却很活泼好动，喜欢跑来跑去，这也是它惹人喜爱的一面。

不过它还有另外一面，那就是比较自负。如果没有按照它的意思去做，那么它就很可能会暴露出攻击性。

它对主人的独占心理很强，它会非常在意主人的命令，可是对主人以外的人（家里面的小孩子或者其他小宠物）却不屑一顾，还可能会用牙齿咬，需要特别注意。

Pomeranian

博美犬

讨人喜欢的茶色绒毛犬

小型犬

人气排名

第**6**位

JKC 登记犬种

相关数据

身　　高	约 20cm
体　　重	1.5~3kg
价　　格	人民币 0.9 万 ~1.9 万元
原 产 地	德国
性格特点	活泼、好奇心强、胆小
易患疾病	膝盖脱臼、流泪症、内分泌系统相关疾病、气管塌陷、骨折

起源及历史	它的祖先是作为牧羊犬的萨摩耶犬（Samoyed）。当时的博美犬体型要大一些，后来在德国的博美地区进行改良，形成了现在的外表，所以它的名字也由此而来。

驯养指数

判断力 **2**

易驯养性 **2**

社会性、协调性 **2**

友好性 **2**

健康性 **2**

适合初学者 **3**

耐寒性

运动量

10 分钟 ×1

清洁工具

既有活泼好奇的一面，又有内向胆小的一面

它很活泼好动，总是会调皮地在家里跑来跑去，是一种模样可爱的小型犬。

它的好奇心很强，遇到感兴趣的事会立刻跑过去一探究竟，非常天真。它希望得到主人的肯定和赞赏，这也说明它的自尊心很强，凡事喜欢以自我为中心。

另外，它还有些敏感，遇到害怕或者不高兴的事后久久不能忘记，非常固执。它对于不认识的人和不熟悉的声音反应很大，会不停地吠叫甚至暴露出攻击性，需要严格的训练和看管。

第 9 组

犬种编号 208

Shih Tzu

西施犬

情感表达力极强的魅力型名犬

小型犬

人气排名

第 **7** 位

JKC 登记犬种

相关数据

身　　高	：	27cm 以下
体　　重	：	8kg 以内
价　　格	：	人民币 0.6 万 ~1.5 万元
原 产 地	：	中国西藏地区
性格特点	：	胆小、重感情
易患疾病	：	脂漏症、口盖开裂、眼疾

起源及历史	它由中国宫廷中最受欢迎的北京犬（Pekingese）和拉萨阿普索犬（Lhasa Apso）交配而成，1930 年传入英国，1958 年传入美国。

驯养指数

3 判断力

2 易驯养性

3 社会性、协调性

3 友好性

2 健康性

4 适合初学者

耐寒性

运动量

10 分钟 ×2

清洁工具

经过训练后会成为亲密的朋友

它的表情丰富，能够表现出自己的喜怒哀乐。它的被毛又松又软、眼睛又大又圆，就像个可爱的小孩子。

虽然它不是特别聪明，但是它总是会非常认真地去努力理解主人的每一句话。那种歪着脑袋侧耳倾听的样子让人感觉它已经听懂了一大半，所以很多人都愿意把它当成倾诉的对象。

在健康方面，由于它的眼睛太大，所以可能会在活动的时候伤及角膜，最好经常进行检查。另外，它的皮肤很敏感，容易出现过敏等症状，在饮食方面也要多加注意。

Miniature Schnauzer

迷你雪纳瑞犬

喜欢循规蹈矩的小顽固

小型犬

人气排名

第**8**位

相关数据

身　　高：30~35cm
体　　重：6~7kg
价　　格：人民币 0.8 万 ~1.9 万元
原 产 地：德国
性格特点：友好、好奇心强
易患疾病：尿路疾病、白内障、睾丸
　　　　　囊肿等

起源及历史	这是雪瑞纳犬（Schnauzer）的小型化犬种。最早是在农场中饲养，用来捕捉老鼠，后来深受欧洲上层社会贵妇们的喜爱。1899年第一次参加犬展。

驯养指数　　　**5** 判断力

4
易驯养性

2
社会性、协调性

4
友好性

3
健康性

4 适合初学者

耐寒性　　　运动量

20 分钟 ×2

清洁工具

JKC 登记犬种

长时间接触后能够成为理想的伙伴

它的好奇心很强，喜欢勇敢地去挑战新鲜的事物。遇到任何情况都不会退缩，是非常积极的犬种。

它的身材虽小肌肉却很结实，整体感觉很健壮。它喜欢有计划的生活，在那些生活不规律的家庭里可能会感到不适应，承受很大的压力。

它还很固执，喜欢按照自己的意图去生活，这就需要从幼犬的时候就和它建立稳固的信任关系。如果它的压力过大可能会表现为抑郁或者莫名的吠叫。

另外，它不太遵守礼仪，家里有客人的时候它可能会表现出攻击性。这点在有小孩子的家庭里要特别注意。

Welsh Corgi Pembroke

彭布罗克威尔士柯基犬

非常容易饲养的优秀犬种

中型犬

人气排名

第**9**位

相关天据

身　高：	25~30.5cm
体　重：	10~13.5kg
价　格：	人民币 1 万 ~1.9 万元
原 产 地：	英国
性格特点：	憨厚、友好、聪明
易患疾病：	眼疾、肾病

起源及历史　它的历史悠久，起源于 1107 年，深受当时的亨利二世（1133—1189）的喜爱，直到今天在英国王室中也备受欢迎。据说与瑞典柯基犬（Swedish Vallhund）有较近的血缘关系。

驯养指数

判断力 4
社会性、协调性 4
健康性 3
适合初学者 4
友好性 3
易驯养性 4

判断力超群，最适合作为工作犬

　　它的性格温和顺从，很容易成为人类的好朋友。作为畜牧犬，它具有超群的判断能力，能够冷静地分析周围的情况并作出恰当的反应。

耐寒性　清洁工具　运动量

30 分钟 ×2

　　它的训练能力极强，对于感兴趣的事会积极地去做，总是能很快就学会主人教给的动作，所以很多时候你甚至会怀疑"是不是自己有做职业教练的潜质"。

　　它的依赖性很强，喜欢黏在主人的旁边。不过，长时间把它自己留在家里也没有问题，它的警惕性很高，是非常优秀的工作犬。

　　它很容易变胖，而且肥胖之后会造成背部骨骼的疼痛，所以需要控制饮食。

第 9 组
犬种编号 101

French Bulldog
法国斗牛犬
敏感、机警的魅力型名犬

小型犬
人气排名
第 **10** 位

相关数据

身体	高：	约 30cm
	重：	10~13kg
价 格：		人民币 1.5 万 ~3.8 万元
原 产 地：		法国
性格特点：		好奇心强、黏人
易患疾病：		口盖开裂、神经系统疾病、眼疾、尿路结石、皮肤病、血友病

起源及历史 关于它的起源，一种说法是在 1860 年由刚刚传入法国的英国斗牛犬和巴哥犬（Pug）、梗犬（Terrier）等交配而成。另一种说法是西班牙斗牛犬（Spanish Bulldog）的后代。1885 年获得独立的犬种认证，两年后第一次参加犬展。

驯养指数

3 判断力
4 社会性、协调性
2 健康性
3 适合初学者
4 友好性
3 易驯养性

洞察力非同一般，就像家庭的成员

这是一个感情细腻、思维敏捷的犬种。它很聪明，好奇心也很强，总是会高高兴兴地去探索它喜欢的事物，就像是在做游戏，非常可爱。

耐寒性　　　清洁工具　　　运动量

20 分钟 ×2

它的洞察力非同一般，能够理解大部分的人类对话。身边有人在说话的时候，它会专注地倾听，在理解了谈话内容之后，还会做出相应的反应。长时间接触后，你会感觉它已经超出了宠物的界限，就像自己的好朋友，很不可思议。

它犯错之后最好不要体罚，否则可能会得到相反的结果。只需随意训斥几句它就会非常难过，之后还会独自反省。

第**9**组

犬种编号
65

Maltese

马尔济斯犬

最受欧洲贵妇们喜爱的长毛犬

小型犬

人气排名

第**11**位

JKC 登记犬种

相关数据

身　　高：	约 25cm
体　　重：	1.3~3kg
价　　格：	人民币 0.8 万 ~1.5 万元
原 产 地：	马耳他共和国
性格特点：	黏人
易患疾病：	膝盖脱臼、流泪症、心脏病、眼疾、脑积水、牙齿咬合不齐

起源及历史	原产自地中海的马耳他岛，从埃及传入罗马。在法国，贵妇们喜欢抱着它作为装扮自己的饰品。因为深受英国维多利亚女王的喜爱而闻名世界。

驯养指数

2 判断力

3
易驯养性

3
社会性、协调性

2
友好性

3
健康性

5 适合初学者

耐寒性

运动量

10 分钟 ×2

清洁工具

最擅长讨人喜欢，所以更需精心调教

　　它的性格温和、模样可爱，任何人看了都忍不住想摸两下。它非常聪明，很快就能记住家里面的规矩，是接近完美的室内犬。

　　与外出散步相比，它更喜欢在家里随意走动。它的依赖性很强，喜欢黏在家人的身边。另外，它还非常喜欢被别人抱着，过去的欧洲贵妇们就总是抱着它，据说这可以降魔除病。它不怎么吠叫，长时间抱着也没有问题。

　　古时候的人们就知道利用动物来疗伤治病。据说上了年纪的老人抱着它身体会慢慢变得健康，具体的情况还没有得到考证。

Shiba

柴犬

日本最具代表性的忠诚型犬种

中型犬

人气排名

第**12**位

相关数据

身　　高：37~40cm
体　　重：9~14kg
价　　格：人民币 0.6 万 ~1.5 万元
原 产 地：日本（本州、四国的山区）
性格特点：忠诚、警惕性强
易患疾病：皮肤病

起源及
历史

人们在日本爱媛县的黑岩遗址中发现了与它极为相似的犬类的骨骼，所以普遍认为它起源于绳文时代。虽然也有其他的观点，不过无一能否定它是一个古老的犬种。1937 年被指定为日本的天然纪念物。

驯养指数　　**2** 判断力

3
易驯养性

2
社会性、
协调性

2
友好性

5
健康性

4 适合初学者

耐寒性

运动量

30 分钟 ×2

清洁工具

尽可能多花些时间去训练它

　　从绳文时代就有关于它的文字记载，可见它对于日本的气候条件及生活方式已经非常熟悉。作为工作犬，它喜欢在室外活动，而且耐力极强。另外，它对于主人非常忠诚，一旦信任主人，它会服从所有的命令，甚至不惜付出生命的代价。它独处的时候会装作面无表情，但其实是在时刻盼望主人的到来。

　　它的这种性格很像日本的武士道精神，所以说它是一个思维细腻的犬种。它非常执著，无论走出去多远都能够找回家，这点早就被人们当做美谈。不过，除了自己的主人，它对其他人都很冷漠，总是摆出一副漠不关心的表情。

Pug

巴哥犬

第 **9** 组
犬种编号
253

憨态可掬的鼻尖总是让人爱不释手

小型犬

人气排名
第**13**位

相关数据

身　　高：25~28cm
体　　重：6.5~8kg
价　　格：人民币 0.9 万 ~1.9 万元
原 产 地：中国
性格特点：重感情、友好
易患疾病：鼻孔狭窄、软口盖过长、眼疾、中暑

起源及历史	它的历史可以追溯到公元前 400 年，当时主要在寺庙中饲养，据说和北京犬（Pekingese）有着相同的祖先。中国的王公贵族们认为它能够降妖除魔。17世纪时它传到欧洲，同样深受上流人士的喜爱。

驯养指数

判断力 **3**

易驯养性 **2**

社会性、协调性 **2**

友好性 **4**

健康性 **3**

适合初学者 **3**

耐寒性

运动量

10 分钟 ×2

清洁工具

长时间接触后会发现它不可思议的独特魅力

　　它的名字是从拉丁语演变而来，意思是"狮子鼻"，这不禁让人想到它那像拳头一样的鼻尖。它的样子很特别，可爱与忧郁并存，总会让人忍不住多看几眼。

　　它的性格随和、活泼、有耐性，喜欢和人们特别是小孩子一起玩耍。它的自尊心很强，所以有时候也会有些固执。它非常聪明，能够准确地判断周围的情况。长期和它生活在一起，你还会发现它能够清楚地表现出自己的喜怒哀乐，很不可思议。另外它还很好动，总是不知疲惫地跑来跑去。和它接触时间越长越能够感受到它的特别之处，所以很多饲养过巴哥犬的人都会说"以后还选巴哥"。

JKC 登记犬种

Cavalier King Charles Spaniel

骑士查理王小猎犬

英国境内最受欢迎的犬种，天生的社交家

小型犬
人气排名
第 **14** 位

相关数据

身　高：31~33cm
体　重：5.4~8kg
价　格：人民币 1.1 万 ~1.9 万元
原 产 地：英国
性格特点：重感情、顺从
易患疾病：膝盖脱臼、睾丸囊肿、心脏病、皮肤病

起源及历史　它的祖先是原产自西班牙及法国的猎鸟犬，因为深受英国国王查理一世的喜爱而取名为骑士查理王小猎犬。这是经过改良后的犬种，口吻要稍短一些。

驯养指数

3 易驯养性
3 判断力
4 社会性、协调性
4 友好性
2 健康性
5 适合初学者

耐寒性

运动量

20 分钟 ×2

清洁工具

JKC 登记犬种

天真烂漫、性格随和的理想家庭犬

它的气质高贵优雅，性格天真烂漫，对任何人都没有防备，是个天生的社交家。在它的原产地英国，人们对它有一份特别的钟爱，它是最受欢迎的一个犬种。

温和、顺从的性格让它和任何人都能够愉快地相处，特别是老人和孩子。它喜欢主人的信任和肯定，是完美的家庭犬。

它适合放在室内饲养，不过很可能因为运动不足而变胖，所以需要每天在固定时间带它出去散步。

被毛的颜色有黑褐、棕褐、黑棕斑、白底红斑 4 种，质地非常柔软，最好每天用毛刷梳理，以保持美丽的光泽。

Labrador Retriever
拉布拉多寻猎犬
天性重感情，最容易与人类成为好朋友

大型犬

人气排名

第 **15** 位

相关数据

身　高：雄性 57~62cm、雌性 55~
　　　　60cm
体　重：雄性 27~34kg、雌性 25~
　　　　32kg
价　格：人民币 0.8 万 ~1.5 万元
原产地：英国
性格特点：憨厚、聪明、重感情
易患疾病：髋关节发育不全、眼疾、
　　　　　甲状腺功能低下

起源及
历史

据说它的祖先从 16 世纪
的时候就在加拿大拉布拉
多地区帮助当地的渔民捕
鱼，但关于这点没有确切
的记载。1800 年正式取
名为拉布拉多寻猎犬。

驯养指数　　　　5 判断力

5　　　　　　　　　　　5
易驯养性　　　　　　　社会性、
　　　　　　　　　　　协调性

5　　　　　　　　　　　3
友好性　　　　　　　　健康性

4 适合初学者

耐寒性　　　　运动量

60 分钟 × 2

清洁工具

需要从幼犬的时候进行不间断的训练

　　任何命令它都会认真地去完成，这种天性决定了它的与众不同，只要经过有效的训练，它一定能够成为名犬中的佼佼者。

　　它的性格随和，能够迅速地和陌生人打成一片，是个重感情的和平主义者。它喜欢黏在主人的身边，得到主人的肯定和赞美。它能够冷静地判断周围的情况并做出适当的反应。它完全没有攻击性，所以可以放心地让它和小孩子独处。即使小孩子很吵闹它也不会生气，耐心非比寻常。

　　主人的任何命令它都会努力去做，而且，它还会在行动中加入自己的判断，是思维敏捷、行动迅速的优秀犬种，所以长期以来一直被作为导盲犬或者看护犬。

JKC 登记犬种

第 2 组

犬种编号

185

Miniature Pinscher

迷你宾莎犬

拥有坚实的肌肉和鹿一般优雅的步伐

小型犬

人气排名

第 **16** 位

JKC 登记犬种

相关数据

身　　高：25.5~32cm

体　　重：4~5kg

价　　格：人民币 1.1 万 ~1.9 万元

原 产 地：德国

性格特点：温和、憨厚，活泼、胆小

易患疾病：腹股沟疝气、皮肤病

起源及历史　看起来很像杜宾犬（Doberman）的小型化犬种，实际上它比杜宾犬的历史要长好几百年。在德国境内主要作为捕捉老鼠的工作犬，在美国等国家也非常受欢迎。

驯养指数

4 判断力

4 易驯养性

3 社会性、协调性

3 友好性

4 健康性

3 适合初学者

耐寒性

运动量

20 分钟 ×2

清洁工具

通过有素的训练能够成为理想的家庭犬

看起来很像杜宾犬（Doberman）的小型化犬种，不过肌肉更结实，身材也更匀称。它诞生于 1700 年之前，比诞生于 1880 年左右的杜宾犬的历史长了二百多年。

遇到任何事情它都不会恐惧或畏缩，身材虽小却十分勇敢。它很活泼而且重感情，适合与小孩子一起玩耍。如果训练得当，能够熟练掌握很多技能。

另外，它的自尊心很强，有自己的主张，如果长时间冷落它，它可能会变得敏感，经常吠叫甚至带有攻击性。

不过，只要训练有素，再加上长时间的和平相处，它还是能够成为理想的家庭犬。

由于它非常活泼好动，所以可能会有骨折或脱臼的危险，这点需要注意。

犬种编号
111

Golden Retriever

黄金猎犬

拥有金黄色被毛的温和大型犬

大型犬

人气排名

第 **17** 位

JKC 登记犬种

相关数据

身　高：	雄性 56~61cm、雌性 51~56cm
体　重：	雄性 29~34kg、雌性 25~30kg
价　格：	人民币 0.8 万 ~1.5 万元
原 产 地：	英国（苏格兰地区）
性格特点：	憨厚、重感情
易患疾病：	髋关节发育不全、皮肤病、白内障、睑内翻

起源及历史 ｜ 19 世纪末诞生于苏格兰半岛。是由特威德摩斯勋爵（Tweedmouth）以已经绝种的特威德西班牙水猎犬（Tweed Water Spaniel）所生的长毛幼犬为基础培育而成。

驯养指数

5 判断力

5 易驯养性

4 社会性、协调性

5 友好性

2 健康性

5 适合初学者

耐寒性

运动量

60 分钟 ×2

清洁工具

用宽厚的心伴随它成长

　　它喜欢和人类共处，对任何人都很友好。它的性格活泼开朗、天真烂漫，遇到不高兴的事情很快就会忘记，是非常积极的犬种。它喜欢寸步不离地跟在主人的身边，和主人一起玩耍，它认为这就是最幸福的事情。

　　它完全没有攻击性，绝对不会用牙齿咬人，是个和平主义者。它温和的性格最适合与小孩子相处。它还很有耐心，单独和孩子待在家里也不会有危险。

　　它非常害怕寂寞，所以绝对不能放在室外饲养。它需要身边有人陪伴，需要充分的沟通，而且没有体臭，是完美的大型家庭犬。

Beagle

比格猎兔犬

非常贪吃的乐天派犬种

中型犬
人气排名
第**18**位

相关数据

身　　高：	33~41cm
体　　重：	8~14kg
价　　格：	人民币 0.8 万 ~1.5 万元
原 产 地：	英国
性格特点：	活泼、憨厚
易患疾病：	意识障碍引起的疾病、内分泌系统相关疾病、心脏病、椎间盘突出

起源及历史	它的祖先是公元前在希腊地区用来捕捉野兔的猎犬。1475 年第一次以"比格猎兔犬"的名字参加犬展。伊丽莎白一世时期（1533-1603）在英国境内非常活跃。

驯养指数

2 判断力

3 易驯养性

5 社会性、协调性

4 友好性

5 健康性

5 适合初学者

耐寒性

运动量

30 分钟 ×2

清洁工具

需要全面控制它的饮食和运动

　　它以前一直被用来捕捉野兔或狐狸。人们会让它挨饿许多天后再去狩猎，这样饥饿的感觉会刺激它更快地捕捉到猎物。所以一旦狩猎成功后它就会美美地饱餐一顿，把之前亏欠的部分恶补回来。

　　因为长期处于这种状态，它好像总是很饿，总是在寻找食物，而且每次都吃很多。所以一定要增加它的运动量，否则吃太多而运动少就非常容易变胖。

　　另外，由于它习惯了按照主人的指示去寻找猎物，所以非常好训练，只要你大声地喊出命令，它一般都会去照做。

Jack Russell Terrier

杰克罗素梗犬

调皮、不甘寂寞的小型犬

小型犬

人气排名

第 **19** 位

JKC 登记犬种

相关数据

身　　高：25~30cm

体　　重：4.5~6.8kg

价　　格：人民币 1.5 万 ~2.6 万元

原 产 地：英国

性格特点：活泼、自负、好奇心强

易患疾病：皮肤病、神经系统疾病、
内分泌系统相关疾病

起源及历史	1819 年，一位名叫杰克罗素的牧师培育出了这个犬种的祖先，所以取名为杰克罗素梗犬。当时的被毛颜色只有黑和白，而且四肢也比现在要长一些。后来，为了让它狩猎狐狸，牧师又对它进行了犬种改良。

驯养指数　　　　4 判断力

4　　　　　　　　　　　3
易驯养性　　　　　　　社会性、
　　　　　　　　　　　协调性

3　　　　　　　　　　　4
友好性　　　　　　　　健康性

　　　　2 适合初学者

耐寒性　　　　运动量

30 分钟 ×2

清洁工具

任何事情都不畏惧，任何困难都不害怕

　　它的身材娇小，能够进入洞穴中去捕捉狐狸或者老鼠。它的好奇心极强，总是不知疲惫地去探索它感兴趣的事物。它十分活泼，总是喜欢高高兴兴地跑来跑去。它非常勇敢，对任何事情都不畏惧，总是充满信心地去挑战一切。

　　它总是生活得那么愉快，经常会调皮地搞小恶作剧，把快乐的感觉传递给人们。

　　它的眼睛充满着光芒，再加上总是不停地跑动，所以有了它根本不会感觉寂寞。

　　它对家人的感情非常深，在危险时刻能够舍身保护主人。它四肢短小、模样可爱，任何人看了都会喜欢。

　　它的被毛有平毛和卷毛两种，颜色有黑白、棕白等。

American Cocker Spaniel
美国可卡犬
拥有让周围气氛变得愉快的独特魅力

中型犬
人气排名
第**20**位

JKC 登记犬种

相关数据

身　　高：36~38cm
体　　重：11~13kg
价　　格：人民币 0.8 万 ~1.5 万元
原 产 地：美国
性格特点：重感情、活泼
易患疾病：膝盖脱臼、脂漏症、内分泌系统相关疾病、外耳炎、白内障

起源及历史：1620 年，在一艘英国去往美国的移民船上承载了一只可卡犬。后来有越来越多的英国可卡犬（English Cocker Spaniel）被带到美国，与当地的犬种交配后变成现在的外形。

驯养指数

3 判断力
4 社会性、协调性
2 健康性
4 适合初学者
4 友好性
4 易驯养性

耐寒性

运动量

20 分钟 ×2

清洁工具

喜欢黏人、智力超群

很容易和人接近，即使是第一次见面它也毫不陌生，所以总会看到它和人们在嬉戏玩耍。开朗活泼的乐天派性格让它总是哼着鼻歌去寻找新的事物，它也总能把这种幸福的感觉传递给周围的人们。

另外，它喜欢黏在主人的身边，不过它也会随时观察周围的情况并做出准确的判断。它很听话，所以也比较容易训练。但是，它的性格可能会导致它对周围的人放松警惕，有被骗的可能，这点要格外注意。总而言之，它是一个非常优秀的犬种。

Border Collie

边境牧羊犬

兼备卓越的运动能力和丰富的情感表达能力的优秀犬种

中型犬

人气排名

第 **21** 位

相关数据

身　　高	雄性 53cm，雌性略矮
体　　重	14~20kg
价　　格	人民币 1.1 万 ~1.9 万元
原 产 地	英国（苏格兰地区）
性格特点	聪明、活泼、重感情
易患疾病	关节炎、皮肤病、神经系统疾病、听力障碍、眼疾
起源及历史	它是在 8~11 世纪的时候从北欧传入英国，在 19 世纪末又与当地的土著犬种交配而成。因为诞生在苏格兰和爱尔兰的边境地区，所以取名为边境牧羊犬。

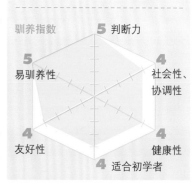

驯养指数

5 判断力

5 易驯养性

4 社会性、协调性

4 友好性

4 健康性

4 适合初学者

耐寒性

运动量

60 分钟 ×2

清洁工具

能够随机应变地去解决问题

在牧羊犬中，它的赶羊群的技术堪称一流，弹跳力、爆发力都非常好。

除了优秀的运动能力，它还能够冷静地分析事物，并随机应变地去解决问题，智商非常高，这些也是它能够在各种犬展中备受瞩目的理由。

它的性格天真、活泼、随和，忍耐力、好奇心都很强，是非常完美的家庭犬。

对于它所信任的主人，它会完全服从命令和指示，并且会记住主人的意图，很容易训练。

除了换毛期，它很少脱毛，被毛也不容易打结，很好打理。

第**1**组

犬种编号
88

Shetland Sheepdog

喜乐蒂牧羊犬

既优雅又健壮的顽强小型犬

小型犬

人气排名

第**22**位

相关数据

身　　高：33~41cm

体　　重：6~7kg

价　　格：人民币 0.8 万 ~1.5 万元

原 产 地：英国（设德兰群岛）

性格特点：重感情、耐性强、顺从

易患疾病：眼疾、髋关节发育不全、
听力障碍、皮肤病

| 起源及历史 | 在设德兰群岛上，由于自然条件非常恶劣，所以牛、马、羊等动物都要比正常的小很多。为了适应这种情况，人们将柯利犬（Collie）与小型的猎犬及博美犬（Pomeranian）、蝴蝶犬（Papillon）等进行交配，形成了现在的外貌。 |

JKC 登记犬种

驯养指数　　4 判断力

4　　　　　　　　4

易驯养性　　　社会性、
　　　　　　　协调性

4　　　　　　　　4

友好性　　　　健康性

4 适合初学者

耐寒性　　　运动量

30 分钟 ×2

清洁工具

身体结实、反应敏捷的优秀家庭犬

　　它与大型的柯利犬非常相似，不过似乎身材更匀称，整体感觉也更优雅。它比柯利犬的鼻尖要长一些，这又增加了几分高贵感。它的性格随和，亲和力强，也很容易满足。另外它还很聪明，经过反复的训练能够让它的优势更突出。

　　它几乎完全没有攻击性，非常活泼，身体也很健壮，是接近完美的家庭犬。

　　它的被毛颜色以黄色为基础，中间还掺杂着黑色、黑貂色或深褐色，并带有不同程度的白色斑纹。

第 **9** 组

犬种编号
140

Boston Terrier

波士顿梗犬

兼备活泼和机警两种特点的魅力犬种

小型犬

人气排名

第 **23** 位

相关数据

体　　重	分为三个等级 小型犬：6.8kg 以下； 中型犬：6.8~9kg； 大型犬：9~11kg
价　　格	人民币 1.5 万 ~3.8 万元
原 产 地	美国
性格特点	冷静、温和、聪明
易患疾病	口盖开裂、心脏病、皮肤病、听力障碍、眼疾

起源及历史

它起源于美国，已经有 100 年的历史，是由比特犬（Pit Bull）、德国拳师犬（German Boxer）、法国斗牛犬（French Bulldog）、斗牛犬（Bulldog）、斗牛梗犬（Bull Terrier）交配而成，到 1920 年被全世界所熟识。

驯养指数　　　4 判断力

3　　　　　　　　　　　4
易驯养性　　　　　　社会性、协调性

4　　　　　　　　　　　3
友好性　　　　　　　健康性

3 适合初学者

正义感极强的绅士

它既能够活跃地到处玩耍，又能够同时注意观察周围的情况，并在有需要的时候及时采取行动。

和外表的差异较大，它喜欢和主人黏在一起，需要随时有人陪伴。

它很值得信任，对家人的安全非常在意。它的感情很细腻，如果感到受了委屈会不停地吠叫，有时候还可能暴露出攻击性，所以需要注意平时的沟通。

它还很聪明，大眼睛闪烁着智慧的光芒。和它开玩笑不要过分，否则可能会有危险。

耐寒性

运动量

30 分钟 ×2

清洁工具

JKC 登记犬种

44

Pekingese
北京犬
最受中国皇室喜爱的古老犬种

小型犬
人气排名
第**24**位

相关数据

身　　高：	约 20cm
体　　重：	雄性 3.2~6.5kg，雌性略重
价　　格：	人民币 1.1 万 ~2.3 万元
原 产 地：	中国
性格特点：	自负、黏人
易患疾病：	眼疾、尿道疾病、心脏病、椎间盘突出、脑积水

起源及历史	它是拉萨阿普索犬（Lhasa Apso）的后代，历史非常长，在 8 世纪的唐朝就有相关的记载。古代的中国宫廷认为它能够降妖除魔，所以它一直是皇帝和皇后们最喜爱的宠物犬种。

驯养指数　　　3 判断力

3
易驯养性

3
社会性、协调性

4
友好性

3
健康性

3 适合初学者

耐寒性　　　　运动量

10 分钟 ×2

清洁工具

喜欢平静、自由的生活环境

　　它是一个凡事以自我为中心的自负的犬种，喜欢在平静、自由的环境中生活。如果家里有小孩子吵闹，它可能会暴露出攻击性。

　　它的依赖性很强，喜欢和主人黏在一起。不过如果它心情不好的时候，即使你叫它它也会不理不睬，给人感觉似乎不是很重情意。它有些敏感，如果遇到它不喜欢的事物，可能会不停地吠叫甚至咬人，表现出很过激的反应，所以比较难训练。只有充分尊重它的想法，并有耐心地长时间训练，它才可能成为你的好伙伴。

　　它能够忍受严寒，不过却很害怕高温潮湿的夏天，可能会表现出呼吸困难等状态，所以要注意温度的控制。另外，进餐后需要帮它清理嘴角的残渣。

West Highland White Terrier
西部高地白梗犬

以纯白色的被毛和被覆盖住的眼睛为最显著的特点

小型犬

人气排名

第**25**位

相关数据

身　　高：	雄性约28cm、雌性约25.5cm
体　　重：	7~10kg
价　　格：	人民币 1.1 万 ~1.9 万元
原 产 地：	英国（苏格兰地区）
性格特点：	活泼、自负、顽固
易患疾病：	皮肤病、心脏病、听力障碍、股骨头坏死

起源及历史	此前它与凯恩梗犬（Cairn Terrier）属于同一犬种，19 世纪末的时候，因为它的忧郁性格而逐渐被淘汰，后来经过著名的饲养者亚盖尔公爵的精心改良才得到现在的犬种，1904 年得到认证。

驯养指数　　**2** 判断力

2
易驯养性

3
社会性、协调性

4
友好性

3
健康性

3 适合初学者

耐寒性　　　　运动量

20 分钟 ×2

清洁工具

最喜欢自由自在地玩耍

　　它活泼开朗，喜欢自由自在地玩耍，寻找感兴趣的东西，是好奇心极强的犬种。不过，与可爱的外表相比，它也有固执的一面，对于不喜欢的事情会不理不睬，如果别人强迫它，它还可能会暴露出攻击性。

　　它的自尊心很强，对于不尊重它的人特别是小孩子，很可能会突然袭击，要特别注意。

　　虽然它固执，不过只要长期相处并耐心地训练，还是能够成为非常完美的家庭犬。

　　它的被毛呈纯白色卷毛状，略长而且较硬，不过很少脱毛，所以不用经常打理。

Italian Greyhound

意大利灵缇犬

拥有纤细身材的优雅犬种

小型犬

人气排名

第**26**位

JKC 登记犬种

相关数据

身　　高：	33~38cm
体　　重：	2.7~4.5kg
价　　格：	人民币 1.5 万 ~3.8 万元
原产地：	意大利
性格特点：	重感情、胆小
易患疾病：	眼疾、皮肤病

起源及历史	它在公元前几千年的时候就生活在希腊、土耳其等地中海沿岸的国家，甚至在因火山喷发而被淹没的古罗马城市庞贝里也发现了它的遗迹。从中世纪开始，它就在欧洲南部、意大利等国家和地区被大量饲养。

驯养指数　　　**3** 判断力

3
易驯养性

3
社会性、协调性

4
友好性

3
健康性

3 适合初学者

耐寒性

运动量

20 分钟 ×2

清洁工具

性格温和、天真，有时也可能带有攻击性

　　它的警惕性很强，所以有时可能会带有攻击性。不过在它所信任和喜爱的主人面前会表现得非常放松，会天真地跑来跑去。它没有体臭，也不怎么脱毛，所以不必每天都进行清理。它几乎不吠叫，这点很适合集体住宅等生活环境。它的身材纤细，动作轻盈，像小鹿班比一样惹人怜爱。

　　不过，它也有胆小的一面，如果遇到不开心的事情或者受到惊吓，可能会从高处跳下来或者撞向垂直的墙面，需要特别留意。

　　它的被毛颜色有奶油色、黑色、蓝色等几种。

Bulldog

斗牛犬

让人过目难忘的世界级名犬

中型犬

人气排名

第 **27** 位

相关数据

身　高：	31~36cm
体　重：	雄性约25kg、雌性约22.7kg
价　格：	人民币1.5万~3.8万元
原产地：	英国
性格特点：	憨厚、耐性强
易患疾病：	口盖开裂、眼疾、皮肤病、听力障碍、神经系统疾病、尿道疾病、呼吸系统相关疾病
起源及历史	它的名字是由公牛（Bull）、斗犬（Dog）两个词组合而成。在1835年颁布斗犬禁令之后，人们又对它的性格和体型进行了改良，现在它已经是最受欢迎的家庭犬之一。

驯养指数

2 判断力

2 易驯养性

3 社会性协调性

4 友好性

2 健康性

2 适合初学者

耐寒性　　　　运动量

10分钟 ×2

清洁工具

相处时间越长优点越突出

　　与凶悍的外表相反，它喜欢安静，耐性很强，情感也很细腻。

　　它比其他犬种更黏人，总是会要求主人表现出对它的喜爱。

　　它需要花费一些时间去判断周围的情况，对待主人的命令也不会立刻采取行动，而是会思考一段时间，然后在它认为恰当的时间做出反应。它喜欢冷静地观察周围，性格也比较固执。对于自己没有理解的事情一般不会顺从。

　　它不适应高温潮湿的气候，而且很容易患皮肤病，所以需要特别注意皮肤的护理。在进餐之后要帮助它清理嘴角及旁边褶皱里的食物残渣，以保持整个面部的清洁。

JKC 登记犬种

Bernese Mountain Dog

伯恩山地犬

经常被作为山地救护犬的优秀大型犬

大型犬

人气排名

第**28**位

相关数据

身　　高：雄性 64~70cm、雌性 59~
66cm

体　　重：40~44kg

价　　格：人民币 1 万 ~1.9 万元

原 产 地：瑞士

性格特点：冷静、耐性强

易患疾病：髋关节发育不全、皮肤病、
肾脏疾病、眼疾

起源及历史	这个名字源自它的生长地区——瑞士的伯恩市，它最早是在农户中作为工作犬，用来赶牛群或牵拉货物。曾一度濒临绝种，1892 年左右在爱犬人士的努力下又有所恢复，现在是瑞士境内最受欢迎的犬种之一。

JKC 登记犬种

驯养指数

5 判断力

5
易驯养性

5
社会性、
协调性

4
友好性

3
健康性

3 适合初学者

耐寒性

运动量

60 分钟 ×2

清洁工具

能够准确地判断周围的状况

　　无论周围发生任何状况，它都会保持一种自信的状态，是一个非常值得信任的犬种。因为一直生活在阿尔卑斯山的山岳地带，被用来看守家畜或牵拉货物，所以它体格强壮，肌肉也很结实。

　　它的判断力很强，而且能够根据周围的情况随机应变。很多时候你看它在打盹，其实它仍然在用心观察着周围，一旦有情况发生立刻会采取行动。另外，它比较固执，没有理解的命令一般不会服从。

　　它在幼犬的时候性格暴躁，不过到长大之后就会变得沉稳，即使其他的犬种冲它吠叫它也能保持冷静，很与众不同。在散步的时候，它能够恰当地跟随主人的脚步，感觉非常优雅。

第9组
犬种编号
206

Japanese Chin
日本狆犬
闻名世界的日本代表性室内犬

小型犬
人气排名
第**29**位

相关数据

身 高：	雄性 25cm，雌性略矮	
体 重：	2~3kg	
价 格：	人民币 0.9 万 ~1.9 万元	
原产地：	日本	
性格特点：	冷静	
易患疾病：	眼疾、皮肤病、关节脱臼	

起源及历史	最早是在奈良时代进入日本。因为鼻尖高高翘起，所以很长一段时间被视为具有中国犬的血统，后来还是作为日本犬在 FCI 得到了认证。

驯养指数
2 易驯养性
4 判断力
4 社会性、协调性
4 友好性
4 健康性
4 适合初学者

耐寒性

运动量

10 分钟 ×1

清洁工具

喜欢安静、没有体臭的完美室内犬

这是一个介于猫和狗之间的特殊犬种，它的整体感觉与日本的大和文化非常贴切。

古代的时候，它一直被将军等上流阶层的人士所饲养，所以既不会吵闹，也不会过分烦躁或者兴奋，总是保持一种安静、沉稳的状态。

它很少脱毛，也没有体臭，更不会在家具上乱抓乱咬，是非常懂得礼仪的室内小型犬。另外，它的运动量也很小，几乎不用带出去散步，在室内小范围活动就可以，这些特点非常适合运动不便的老年人。

它不太适应潮湿与闷热，所以在夏天需要注意控制室内的温度。

Japanese Spitz
日本狐狸犬
拥有完美纯白色被毛的日本产狐狸犬

小型犬
人气排名
第**30**位

相天数据

身　高：	雄性 30~38cm，雌性略矮
体　重：	5~6kg
价　格：	人民币 0.8 万 ~1.5 万元
原产地：	日本
性格特点：	活泼、胆小
易患疾病：	皮肤病

起源及历史
1920 年经西伯利亚传入日本，它的祖先应该是原产自德国的大型狐狸犬。最开始的时候它经常吠叫，不是很受欢迎，经过犬种改良后现在人气非常高。

JKC 登记犬种

驯养指数
2 易驯养性
3 判断力
2 社会性、协调性
2 友好性
4 健康性
3 适合初学者

耐寒性

运动量

30 分钟 × 2

清洁工具

警惕性极强，常常会带有攻击性

它的警惕性极强，在陌生人面前很容易露出攻击性，只有在熟悉和信任的主人跟前才会比较放松。它很敏感、细腻，如果自己的感情没有被主人理解，就很容易变得神经质，可能会表现为经常吠叫。

"Spitz"在俄语中的意思是"火"，也就是说，它的性格像火一样一触即发，这属于遗传的原因。不过，如果和主人相处融洽，它会表现得十分顺从和优雅，所以是一个让人怜爱的犬种。

它的被毛厚密，需要每天梳理以免打结。另外，每天都要带它到室外活动，这会分散它的注意力，减轻其敏感的程度。

Cairn Terrier

凯恩梗犬

性格活泼、好奇心极强的古老梗犬

小型犬

人气排名

第**31**位

JKC 登记犬种

相关数据

身　　高：	雄性约 25.5cm、雌性约 24cm
体　　重：	雄性约 6.5kg、雌性约 6kg
价　　格：	人民币 1.1 万 ~1.9 万元
原 产 地：	英国（苏格兰地区）
性格特点：	冷静
易患疾病：	眼疾、皮肤病

起源及历史	据说它是最古老的梗犬，原产自苏格兰的西北部地区，主要被用于捕捉老鼠等有害动物。因为它能够进入岩石、积石（Cairn）等缝隙中，所以取名为凯恩。

驯养指数　　　3 判断力

3　　　　　　　　　　2
易驯养性　　　　　　　社会性、协调性

2　　　　　　　　　　4
友好性　　　　　　　　健康性

3 适合初学者

耐寒性　　　　运动量

20 分钟 ×2

清洁工具

随和且最看重主人感受的家庭犬

　　它开朗活泼，总是会充满好奇心地去探索周围的事物。它很黏人，最不喜欢被主人独自留在家里。

　　它的警惕性很强，一旦发现不速之客会迅速采取行动，这点很像梗犬的性格。它非常看重与家人的关系，喜欢和主人待在一起。如果家里面的客人较多，它可能会经常吠叫，表现得有些敏感，这点需要注意。

　　它喜欢富于变化的环境，所以最好经常带它到户外散步，新鲜的事物会让它变得更活跃。

　　它的被毛分为两层，上毛有些僵硬，下毛非常柔软，到了换毛期的时候需要经常梳理。

第 **8** 组
犬种编号
5

English Cocker Spaniel
英国可卡犬
原产自英国的优秀可卡犬

中型犬
人气排名
第**32**位

相关数据

身　　高	雄性 41~43cm、雌性 38~41cm
体　　重	雄性 13~15kg、雌性 12~14kg
价　　格	人民币 1.1 万 ~1.9 万元
原 产 地	英国
性格特点	活泼、冷静、耐性强
易患疾病	外耳炎、皮肤病、白内障

起源及历史	从 17 世纪开始，它就经常被用于狩猎一种名叫 "Cock" 的鸟类，所以取名为 "Cocker"。它是美国可卡犬（American Cocker Spaniel）的祖先，而且与英国史宾格犬（English Springer Spaniel）有较近的血缘关系。

JKC 登记犬种

驯养指数

判断力 **3**

易驯养性 **2**

社会性、协调性 **3**

友好性 **3**

健康性 **3**

适合初学者 **3**

耐寒性

运动量

30 分钟 ×2

清洁工具

思维敏捷、忍耐力极强的犬种

它的思维敏捷，能够准确地判断周围的状况；它的忍耐力极强，绝对不会轻举妄动。这种高贵的气质在任何场合都不会给你丢脸。另外，它活泼的性格还很容易让人接近，使它能够迅速地融入周围的环境。

它有黏人的一面，喜欢和主人待在一起。如果主人的心情很好，那么它也会非常活跃。

不过它也有敏感的一面，不喜欢被人牵制，如果主人对它的要求过于严格，它就可能会表现出固执的情绪甚至带有攻击性。只有通过充分的沟通和长期的相处，才能把它训练成完美的室内犬。

它耳朵周围的被毛比较容易脏，需要定期清洗。

Fox Terrier（wire）

猎狐梗犬（硬毛）

拥有茶色被毛和活泼性格的梗犬

小型犬

人气排名

第**33**位

相关数据

身　　高：	雄性约39cm，雌性略矮
体　　重：	雄性约8kg，雌性约7kg
价　　格：	人民币 1.1 万 ~2.3 万元
原产地：	英国
性格特点：	聪明、活泼、顺从
易患疾病：	皮肤病、关节炎、眼疾

起源及历史	这是个历史悠久的犬种，一直在英国被用于狩猎狐狸等小型动物，并因此而得名"猎狐梗犬"。最初只有平毛一种，后来又增加了硬毛的类型。

驯养指数　　　　2 判断力

2
易驯养性　　　　　　　　2 社会性、协调性

2　　　　　　　　2
友好性　　　　　　　健康性

2 适合初学者

耐寒性　　　　　运动量

20 分钟 ×2

清洁工具

表面冷酷淡漠、内心细腻敏感的犬种

　　它总是面无表情，让人很难琢磨。不过在家人面前却很放松，在家里面也总是好奇心很强，会高兴地跑来跑去。

　　另外，它的警惕性很强，看到不认识的人就会吠叫，会一边装作若无其事一边抓住时机发起突然的袭击。

　　与这种活泼的性格相对，它还有细心甚至神经质的一面，它能够体会到家人的情绪，并做出适当的举动，是值得投入感情饲养的家庭犬。

　　嘴角周围的被毛需要经常梳理，特别是在饭后要注意清理干净。眼睛周围的被毛也要注意定期处理，以免伤到眼睛。

第**8**组
犬种编号
121

Flat Coated Retriever
平毛寻猎犬
融合了拉布拉多寻猎犬和黄金猎犬优势的漆黑色猎犬

大型犬

人气排名

第**34**位

相关数据

身　　高	雄性 58~62cm、雌性 56~60cm
体　　重	雄性 27~36kg、雌性 25~32kg
价　　格	人民币 1.4 万 ~1.9 万元
原 产 地	英国
性格特点	活泼、重感情、聪明
易患疾病	皮肤病

起源及历史	它诞生于 19 世纪初，虽然没有特别详细的记载，不过普遍认为它是由纽芬兰犬（Newfoundland）、拉布拉多寻猎犬（Labrador Betriever）、塞特猎犬（Setter）及柯利犬（Collie）等交配而成。

JKC 登记犬种

驯养指数

```
        5 判断力
5                    5
易驯养性          社会性、
                 协调性

3                    5
友好性            健康性
        4 适合初学者
```

耐寒性

运动量

60 分钟 ×2

清洁工具

简约、健美的魅力犬种

　　它比黄金猎犬（Golden Retriever）的外形更简约、肌肉更结实，而且更具野性美。它能够准确地分析状况，敏捷地采取行动，迅速取回猎物，是非常优秀的猎犬。

　　另外，它的智商和拉布拉多寻猎犬（Labrador Retriever）比起来也毫不逊色。遇到喜欢的主人，就会非常活泼，高兴地和主人一起玩耍。与前两者相比，它还总会保持一颗天真的心。

　　它忠诚、顺从的性格非常适合小孩子，可以作为共同成长的玩伴。

第 5 组

犬种编号
270

Siberian Husky

西伯利亚哈士奇犬

与外表差异较大的乐天派性格

大型犬

人气排名

第 **35** 位

相关数据

身　高：	雄性 54~60cm、雌性 51~56cm
体　重：	雄性 20~27kg、雌性 13~23kg
价　格：	人民币 0.6 万 ~1.4 万元
原 产 地：	美国
性格特点：	活泼、忠诚
易患疾病：	膝盖脱臼、甲状腺功能低下、脂漏症、外耳炎、白内障
起源及历史	关于它的起源没有详细的记载，据说它与萨摩耶犬（Samoyed）及阿拉斯加雪橇犬（Alaskan Malamute）有较近的血缘关系。1909 年在雪橇比赛中取得优异成绩后立刻被人们所熟识。从 20 世纪初开始就经常被用于南极或北极的考察活动。

驯养指数 | 3 判断力
3 易驯养性 | 4 社会性、协调性
4 友好性 | 3 健康性
| 2 适合初学者

群体饲养的乐趣会更多

因为它的主要用途是牵拉雪橇，并且是集体作业，所以群体饲养会让它的个性更突出，其中的乐趣也更多。当然单独饲养也可以，因为它的性格活泼、顺从，很惹人喜爱。

乐天派的性格让它总是无忧无虑，即使遇到不喜欢的事情或者残酷的现实也会很快忘记，因此很容易训练。

有人说它"像小孩子一样容易迷路"，其实不是这样，它到了心仪的地方后会觉得"在这里住一下也不错"，于是就暂时忘了回家。这其实都是它乐天性格的表现。

耐寒性

运动量

60 分钟 ×2

清洁工具

Bichon Fries
卷毛比熊犬
最受欧洲贵妇们喜爱的纯白色室内犬

小型犬
人气排名
第**36**位

相关数据

身　　高：	24~29cm
体　　重：	3~6kg
价　　格：	人民币 1.4 万 ~1.9 万元
原 产 地：	法国
性格特点：	活泼、重感情、聪明
易患疾病：	关节炎、皮肤病

起源及历史	它的祖先是大西洋中的加纳利群岛上的土著犬种。它过去一直是欧洲王公贵族们争相饲养的宠物狗，很多时候还会与主人一同出现在肖像画中。后来被引进美国，慢慢形成了现在的模样。

JKC 登记犬种

驯养指数　　　　**4** 判断力

3
易驯养性

4
社会性、协调性

3
友好性

3
健康性

3 适合初学者

耐寒性　　　　运动量

10 分钟 ×2

清洁工具

活泼、随和、可以疗伤的宠物犬

　　"Bichon Fries" 在法语中是卷毛、粉饰的意思。

　　和这个可爱的名字一样，它的下毛浓密、柔软，上毛卷曲、蓬松，尾巴部分像羽毛一样可以随风摇摆，整体感觉非常高贵。

　　它的身体厚重、肌肉结实，十分健康。它的性格开朗、随和，总是高高兴兴，让人爱不释手。

　　它极为敏感，能够感受到主人的喜怒哀乐，并且可以安抚主人。不容易脱毛，也没有体臭。

　　在古代的欧洲，它还被病人们用来温暖身体。长时间抱着它就像抱着一个乖巧的孩子，有利于病情的好转。

Dalmatian

大麦町犬

以黑色斑点为标志的动感魅力大型犬

大型犬

人气排名

第**37**位

JKC 登记犬种

相关数据

身　高	54~61cm
体　重	24~29kg
价　格	人民币 0.8 万 ~1.5 万元
原产地	前南斯拉夫（大麦町地区）
性格特点	好奇心强、胆小
易患疾病	皮肤病、尿道疾病

起源及历史	在古埃及时代的文物中就发现了斑点犬的图片，可以证实它已存在了几千年，不过具体的起源还不是很清楚。因为一直生活在原南斯拉夫的大麦町地区，由此得名。

驯养指数　　　　3 判断力

4　　　　　　　　　　3
易驯养性　　　　　　社会性、
　　　　　　　　　　协调性

2　　　　　　　　　　4
友好性　　　　　　　健康性

　　　　3 适合初学者

耐寒性　　　　　　运动量

60 分钟 ×2

清洁工具

不知疲惫的斑点犬

　　它的好奇心很强，遇到感兴趣的东西一定会追查到底。运动量也很大，需要经常到户外活动。

　　与活跃的一面相反，它还比较敏感，一旦受到误解或压力，就可能表现出攻击性。解决这个问题的最好方法就是增加它的活动量。

　　它喜欢和家人黏在一起，不过对待其他人时却不是那么随和，会表现出一副高傲、自负的姿态。

　　刚刚出生的幼犬是纯白色，并没有斑点。斑点会在出生后 3 个月左右慢慢浮现出来，所以这也是挑选购买的最佳时间。它很容易出现皮肤问题，所以在饮食等方面需要多加注意。

Scottish Terrier

苏格兰梗犬

自尊心极强的黑色梗犬

小型犬
人气排名
第 **38** 位

JKC 登记犬种

相天数据

身 高：	约 25.5cm
体 重：	雄性 8.5~10kg、雌性 8~9.5kg
价 格：	人民币 1.1 万 ~1.9 万元
原 产 地：	英国（苏格兰地区）
性格特点：	聪明、冷静、固执
易患疾病：	痉挛、过敏

起源及历史	它此前与丹迪尔丁曼特梗犬（Dandie Dinmont Terrier）属于同一犬种，1879 年初次参加犬展时用的是亚伯丁梗犬 (Aberdeen Terrier) 的名字，后来又改为苏格兰梗犬。

驯养指数　　　**2** 判断力

2
易驯养性

3
社会性、协调性

2
友好性

4
健康性

3 适合初学者

耐寒性　　　运动量

20 分钟 ×2

清洁工具

超越其他犬类的独特思维

它能够客观地观察周围，而且可以冷静地作出判断。不过，一旦兴奋过度，就会表现出梗犬独有的激情，所以在室内饲养时要注意。

它的自尊心非常强，一旦主人的命令与自己的判断不同，它就会变得非常固执，一般不会听从主人的命令。

如果它没有理解主人的意图，那么就会摆出一副"与我无关"的架势，任凭你怎样训斥它都不会理睬。不过，如果遇到它喜欢的主人，就会变得非常顺从。长时间接触后，随着感情的加深，它还可以理解你内心深处的想法，甚至超过犬类的思维，会让你感到很不可思议。

被毛的颜色除了黑色之外还有小麦色等，不过非常少见。

第 2 组

犬种编号
143

Dobermann

杜宾犬

看起来有点恐怖，实际上憨厚温和的大型犬

大型犬

人气排名

第 39 位

JKC 登记犬种

相关数据

身　高：	雄性 66~71cm、雌性 61~66cm
体　重：	30~40kg
价　格：	人民币 1.5 万 ~2.3 万元
原产地：	德国
性格特点：	憨厚、好奇心强、聪明
易患疾病：	皮肤病、关节炎

起源及历史	它是由德国的驯犬师杜宾先生用罗威纳犬（Rottweiler）和德国宾莎犬（German Pinscher）交配而成，所以用他的名字来命名犬种名称。

驯养指数

- 5 判断力
- 3 社会性、协调性
- 3 健康性
- 1 适合初学者
- 2 友好性
- 5 易驯养性

耐寒性

运动量

60 分钟 ×2

清洁工具

需要经过反复的训练才能得到理想的效果

它的外形凶悍，给人的感觉是性格暴躁。其实不然，这是一个非常温和的犬种。它喜欢黏在主人的身边，可以长时间待在室内，对主人顺从、忠诚，是家庭犬的理想选择。

它的好奇心很强，需要在幼犬的时候就多加训练才能得到理想的效果。如果它喜欢自己的主人，那么一定会努力地去做到主人的每一个要求。

不过，如果把它自己留在家里，万一有陌生的人进门，它就很可能会表现出攻击性。它的被毛容易脱落、而且带有体臭，所以放在室内饲养时也要多加注意。在日本，一般会给它做剪耳手术。在欧洲等国家和地区，除了剪耳，还要做剪尾手术。

第 1 组
犬种编号
166

German Shepherd Dog
德国牧羊犬
用途广泛的完美犬种

大型犬

人气排名
第 40 位

相关数据

身　　高：	雄性 60~65cm、雌性 55~60cm
体　　重：	雄性 33~38kg、雌性 26~31kg
价　　格：	人民币 1.5 万 ~3 万元
原 产 地：	德国
性格特点：	聪明、忠诚
易患疾病：	关节炎、髋关节发育不全

起源及历史	诞生于 19 世纪末，主要用途是警犬。它是由德国陆军的冯斯蒂法尼茨中尉以牧羊犬为基础精选多个犬种培育而成。

驯养指数　　**5** 判断力

4
易驯养性

3
社会性、协调性

3
友好性

4
健康性

2 适合初学者

耐寒性

运动量

60 分钟 ×2

要求饲养者有充裕的时间和充沛的体力

清洁工具

　　德国陆军为了培养优秀的军用犬，花费了很多的心思，最后终于得到了这个完美的犬种。

　　它的运动能力突出，兼备敏锐的洞察力和卓越的判断力，而且还非常忠心，这些都是它能够长期作为警犬的坚实基础。

　　不过从另外一方面来看，正如人们常说的"没有经过训练的牧羊犬不是真正的牧羊犬"，它的优秀的能力必须通过训练才能展现出来。因此，饲养的主人要和它紧密地接触，建立稳固的信任关系，然后还得进行反复的训练。这些就要求主人有充足的时间和充沛的体力。

　　一旦你真的花费很多精力训练它，也一定会得到相应的回报，从而得到其他犬种不能带给你的充实感和满足感。

JKC 登记犬种

第 **2** 组

犬种编号 137

Pyrenean Mountain Dog

比利牛斯山地犬

勇敢果断的大型犬佼佼者

大型犬

人气排名

第 **41** 位

相关数据

身　高：	雄性 69~81cm、雌性 63~74cm
体　重：	雄性 45~57kg、雌性 39~52kg
价　格：	人民币 0.9 万~1.9 万元
原产地：	比利牛斯山脉
性格特点：	冷静、耐性强、憨厚
易患疾病：	关节炎

起源及历史	它的祖先应该是古代西藏地区的獒犬。公元前 100 年左右它被罗马人带到西班牙，后来就一直在法国与西班牙边境地区的比利牛斯山脉一带作为牧羊犬来驱逐野狼、野熊，或防止盗贼。

驯养指数　　　　5 判断力

4　　　　　　　　　　　　5

易驯养性　　　　　　　　社会性、协调性

5　　　　　　　　　　　　4

友好性　　　　　　　　　健康性

2 适合初学者

耐寒性　　　　　　运动量

60 分钟 ×2

清洁工具

憨厚的性格、卓越的质感

　　它的身材高大、质感卓越，而且永远会保持一种自信、沉着的优雅状态。它一身纯白色的被毛非常有魅力，主人在带着它散步时会很有优越感。

　　另外，它非常聪明，能够冷静地判断周围的状况。它还非常勇敢，在家人遇到危险时一定会奋不顾身，因此过去一直被王公贵族们争相饲养。

　　它的被毛浓密而且柔软，能够应对严寒，不过在夏天的时候就会有些痛苦，需要注意。

　　被毛的颜色是纯白色，在耳朵两旁会混杂着少许的茶色或黑色被毛。

Chinese Crested Dog

中国冠毛犬

外形奇特、神秘的无毛犬

小型犬

人气排名

第 **42** 位

相关数据

身　高：28~33cm
体　重：约 5.5kg
价　格：人民币 1.5 万 ~3.8 万元
原 产 地：中国
性格特点：胆小、害怕孤独、固执
易患疾病：皮肤病、心脏病

| 起源及历史 | 它的祖先是墨西哥、美国一带的无毛犬，引入中国后被小型化。1883 年就在美国得到了认证，后来曾一度绝种，1992 年又再次获得认证。 |

驯养指数　　　3 判断力

3 易驯养性　　　　　　4 社会性、协调性

3 友好性　　　　　　2 健康性

　　　2 适合初学者

耐寒性　　　　运动量

20 分钟 ×2

需要注意皮肤护理的无毛犬

清洁工具

　　虽然它喜欢安静甚至有些忧郁，不过洞察力却毫不逊色。它的自尊心非常强，如果过于严厉地训斥或训练它，那么它可能会暴露出攻击性。

　　它有两个变种，一种全身无毛，只在头顶和脚趾上长毛，尾巴有一束羽状毛；另一种为粉扑变种，全身覆盖柔软长毛。两者都有混合的毛色。

　　虽然它们看起来是完全不同的两个犬种，不过因为它们的性格特点相似，所以还是被 FCI 收录为同一犬种编号。

　　另外，它在繁殖上有一些奇怪的现象：用无毛公犬与全身有毛的母犬交配，其幼仔可能有一半无毛；如用有毛的公犬与无毛的母犬交配，其幼仔的成活率很低。

Borzoi

波索尔犬

最受俄罗斯贵族喜爱的大型犬

大型犬

人气排名

第**43**位

相关数据

身　　高：	雄性 71cm 以上、雌性 66cm 以上
体　　重：	雄性 34~48kg、雌性 26~40kg
价　　格：	人民币 1.5 万 ~2.3 万元
原 产 地：	俄罗斯
性格特点：	顺从、警惕性强
易患疾病：	胃痉挛

起源及历史	在 14 和 15 世纪的时候，它被俄罗斯的王室贵族视为珍宝，主要用于捕捉野兔、狐狸、野狼等。过去被称为"俄罗斯猎狼犬"，1936 年以后才改成现在的犬种名称。

驯养指数

4 判断力

4
易驯养性

4
社会性、协调性

4
友好性

3
健康性

3 适合初学者

耐寒性

运动量

60 分钟 ×2

清洁工具

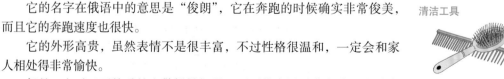

需要特别注意胃肠疾病

　　它的名字在俄语中的意思是"俊朗"，它在奔跑的时候确实非常俊美，而且它的奔跑速度也很快。

　　它的外形高贵，虽然表情不是很丰富，不过性格很温和，一定会和家人相处得非常愉快。

　　但是，它对于不熟悉的人警惕性极强，还可能会因过分紧张而发动突然袭击。所以需要在幼犬的时候就经常带它散步、接触人群、训练它适应环境的能力。

　　它非常容易患胃痉挛，甚至还可能会因此而丧命，所以需要避免坚硬的食物，而且要尽可能地少量多餐，饭后还不能进行剧烈的运动。

第 2 组
犬种编号
144

German Boxer

德国拳师犬

会对主人忠贞不渝的魅力型名犬

大型犬

人气排名

第 **44** 位

JKC 登记犬种

相关数据

身　　高：	雄性 57~64cm、雌性 53~60cm
体　　重：	25~32kg
价　　格：	人民币 1.5 万 ~2.3 万元
原产地：	德国
性格特点：	聪明、顺从、胆小
易患疾病：	髋关节发育不全、角膜炎、椎间盘突出、胃痉挛

起源及历史　它最早是在比利时境内由当地的土著犬种和獒犬（Mastiff）、斗牛獒犬（Bull Mastiff）等交配而成，最初的目的是作为斗犬。后来，随着各国对斗犬的禁止，它就更多地被用于警犬、军犬等领域。

驯养指数　　3 判断力

3
易驯养性

4
社会性、协调性

2
友好性

2
健康性

2 适合初学者

耐寒性　　　运动量

60 分钟 ×2

清洁工具

与外表不同的温和、脆弱的性格

　　它总是会给人一种满怀自信的感觉。实际上也是这样，它确实能够非常准确地判断周围的状况。它一般会比较安静,性格也很温和。不过一旦遇到突发事件，也会有猛烈的爆发力，是值得完全信任的家庭犬。

　　如果它遇到值得信赖和尊重的主人，就会表现出稳重、顺从的一面，对主人忠贞不贰。相反，如果遇到不喜欢的主人，它就会很固执，甚至可能带有攻击性。

　　与外表不同，它的情绪很脆弱，比较容易受伤，所以严厉的训斥或者体罚只能起到相反的效果。在训练它的时候，最好语气温和，和它保持稳固的信任关系，这样才能得到理想的效果。

65

Basset Hound

巴吉度猎犬

拥有敏锐嗅觉的知性派猎犬

JKC 登记犬种

中型犬

人气排名

第 **45** 位

相关数据		
身 高：	33~38cm	
体 重：	18~27kg	
价 格：	人民币 1 万 ~1.9 万元	
原产地：	英国	
性格特点：	自负、聪明	
易患疾病：	腹股沟疝气、消化系统疾病、耳疾	

起源及历史：
"Basset" 在法语中的意思是 "矮"。它的这种身体特征是为了适应在低矮的草丛中奔走，它的褶皱状皮肤也是为了防止被树枝刮伤。它是在大约 100 年前由寻血犬（Bloodhound）和其他的蹲猎犬（Basset）交配而成。

驯养指数 3 判断力

3 易驯养性　4 社会性、协调性

4 友好性　3 健康性

3 适合初学者

需要特别注意因身体肥胖而带来的行动不便

耐寒性　清洁工具　运动量

30 分钟 ×2

　　它在猎犬中属于性格温和、耐性较好的一种，当然也继承了猎犬的敏锐观察力，能够准确地判断周围的状况，并且嗅觉能力非常突出。它比较独立，喜欢自由自在地行动，不愿意被束缚，所以如果你想要训练它，就必须有足够的耐心。

　　它不喜欢频繁地走动，所以很容易变胖，需要特别注意。另外，由于它的好奇心和敏锐嗅觉，它还可能会忘我地去寻找一些东西，很容易出现交通事故，这点也要提高警惕。

第 **2** 组
犬种编号
235

Great Dane

大丹犬
质感十足的超大型犬

大型犬
人气排名
第 **46** 位

JKC 登记犬种

相关数据

身　　高：	雄性 76~81cm、雌性 70~76cm
体　　重：	雄性约 54kg、雌性约 45kg
价　　格：	人民币 1.4 万 ~2.6 万元
原 产 地：	德国
性格特点：	冷静、耐性强
易患疾病：	胃痉挛

起源及历史	它的祖先是中世纪时用于狩猎野猪的猎犬，后来又陆续被作为斗犬及护身犬。它的身高曾达到过 105.4cm，是所有犬种中身高最高的世界纪录保持者。

驯养指数

4 判断力	
5 易驯养性	4 社会性、协调性
5 友好性	4 健康性
	2 适合初学者

耐寒性

运动量

60 分钟 ×2

清洁工具

质感十足的超大型犬

　　这是一个超大型的犬种，要求家里面有很大的空间。平时它都很安静，甚至会让人忘了它的存在，而且它耐力很强，可以长时间不动。它能够冷静地判断周围的状况并迅速地采取行动，是非常好的室内犬。

　　别看它的身体很高大，可是却很黏人，喜欢待在主人的身边，对主人也非常顺从，不太喜欢室外的活动。

　　所以要想饲养这个犬种，需要为它搭建一个独立的犬室。

　　它的被毛颜色有蓝色、黑色、浅咖啡色等多种。

Basenji

贝森吉犬

以忧郁的表情为最显著的特征

中型犬

人气排名

第**47**位

相关数据

身　高	42~43cm
体　重	9.5~11kg
价　格	人民币 1.4 万 ~1.9 万元
原 产 地	刚果
性格特点	憨厚、自负、黏人、警惕性强
易患疾病	过敏、贫血、痢疾

起源及历史	这是一个历史悠久的犬种，在古埃及遗址中出土的美术作品及壁画中就有它的身影。它一直生活在热带地区，主要是野生放养，19 世纪的时候被访问非洲的英国代表团带回国，并开始大量繁殖。

驯养指数

1 判断力

1
易驯养性

5
社会性、协调性

4
友好性

3
健康性

2 适合初学者

耐寒性

运动量

30 分钟 ×2

清洁工具

独立、自负的鲜明个性

它最喜欢和家人黏在一起，不过对待其他人却警惕性非常强，总是摆出一副面无表情、牙关紧咬的架势。

它比较自负，不喜欢被人命令，对于训练一类的事情一点兴趣也没有。对于主人绝对忠诚，性格比较简单、鲜明。

它很少吠叫，也很少表达自己的情感，总是给人感觉很忧郁，眉头紧锁，这在其他犬种中也很少见。

它的被毛短且柔软，触感很好，皮肤也很有弹性。被毛颜色一般是褐色和白色相结合。

Norfolk Terrier

诺福克梗犬

身材矮小却超级好动的狩猎犬

小型犬

人气排名

第**48**位

JKC 登记犬种

相关天数据

身	高：	雄性 23~25.5cm、雌性略矮
体	重：	5~5.5kg
价	格：	目前暂无定价
原产地：		英国
性格特点：		活泼、调皮、好奇心强
易患疾病：		椎间盘突出、意识障碍引起的疾病、尿路疾病

起源及
历史

它是在 19 世纪末起源于英国南部的诺福克州，由
多种梗犬和土著犬交配而成。在英国主要作为捕
捉狐狸或野兔的猎犬。

驯养指数　　　4 判断力

4 　　　　　　　　4 社会性、
易驯养性　　　　　　协调性

4 　　　　　　　　3
友好性　　　　　　健康性

4 适合初学者

最喜欢高兴地跑来跑去

　　它经常会不知疲倦地跑来跑去，给人一种活泼的感觉。它的好奇心很强，稍稍有一点声音就会跑过去一探究竟，只要有闲暇的时间就会自己找东西玩耍，所以要求家里面的空间尽量大一些，主人的时间也最好比较宽裕。

　　它的耳朵有垂耳和直立耳两种类型，被毛是较硬的卷毛，颜色大多和小麦色较为接近，不过也有红色、棕色、黑褐色等情况，一般都不需要费心打理。

耐寒性　　　　清洁工具　　　运动量

20 分钟 ×2

Rottweiler

罗威纳犬

世界知名的古老犬种

大型犬

人气排名

第**49**位

相关数据

身　高：雄性 61~69cm、雌性 56~64cm

体　重：41~59kg

价　格：人民币 1.5 万 ~2.3 万元

原产地：德国

性格特点：重感情、忠诚、聪明

易患疾病：关节炎

起源及历史	它的祖先是古罗马时代用来赶养家畜的工作犬，后来随着罗马大军跨越阿尔卑斯山来到德国，与当地的优秀犬种结合并繁衍至今。

驯养指数

5 判断力

3 易驯养性

4 社会性、协调性

2 友好性

3 健康性

2 适合初学者

耐寒性　　　　运动量

60 分钟 × 2

清洁工具

需要从幼犬时就建立牢固的信任关系

　　它的肌肉结实、外表凶悍，不过对主人却十分忠诚。它能够冷静地对周围的环境进行判断，是值得信赖的家庭犬。此外，它作为优秀的导盲犬、警犬和救灾犬，也活跃在世界各地。

　　它非常敏感，如果没有牢固的信任关系很容易发生危险，这点需要特别注意。

　　另外要注意它的肥胖倾向。因为它的力气很大，必须通过摄取大量的食物来补充体力，所以唯一的办法就是加大运动量。最好能够给予它足够的奔跑空间，不过在普通家庭想实现这点比较难，可以选择跑步或骑自行车带着它锻炼。

　　它的被毛需要定期用毛刷来梳理。

Weimaraner

魏玛猎犬

独一无二的银白色魅力外形

大型犬

人气排名

第 **50** 位

JKC 登记犬种

相关数据

身　高：	约 70cm
体　重：	25~38kg
价　格：	人民币 1.4 万 ~1.9 万元
原产地：	德国
性格特点：	憨厚、好奇心强、害怕孤独
易患疾病：	髋关节发育不全、血友病、眼睑内翻

起源及历史	这是起源于德国魏玛地区的犬种，由多种猎犬交配而成，主要被用于猎鸟。最早出现在 19 世纪初，只有当地的贵族才有权力饲养，而且绝不会轻易带出家门。

驯养指数　　4 判断力

4
易驯养性

4
社会性、协调性

3
友好性

3
健康性

2 适合初学者

耐寒性

运动量

60 分钟 ×2

清洁工具

被毛光滑、喜欢安静的猎犬

它的周身都是柔软、纤细的短毛，手感非常好。虽然对严寒有些畏惧，但是却能够从容面对酷暑。而且，它的银色被毛会在夏日阳光的照射下变成褐色，到了冬天之后再返回银色。

它的好奇心很强，经常会无意识地走来走去，而且比较喜欢安静，只要和家人在一起就会露出无比幸福的表情。它的性格比较温和，能够和主人充分地沟通，是非常理想的家庭犬。另外它还很聪明，能够迅速领会主人的意图。

它的奔跑速度很快，银白色的身体在奔跑时就仿佛一支银色的箭，非常漂亮。

它的被毛需要用毛刷经常梳理，以保持亮丽的光泽。

第 **3** 组

犬种编号
11

Minature Bull Terrier

迷你斗牛梗犬

可爱的外形总会给人留下深刻的印象

中型犬

人气排名

第**51**位

耐寒性

清洁工具

运动量

30 分钟 ×2

相天数据	
身　高：	约 36cm
体　重：	11~15kg
价　格：	人民币 1.5 万 ~3 万元
原产地：	英国
性格特点：	活泼、好强、自负
易患疾病：	皮肤病

驯养指数

3 判断力

2 易驯养性

4 社会性、协调性

1 友好性

3 健康性

2 适合初学者

　　这是挑选斗牛梗犬中身材较小的个体交配而成的新犬种。与普通的头牛梗犬一样被用来捕捉老鼠。在 1918 年时曾一度灭绝，1930 以后才重新见到了它的身影。

第 **10** 组

犬种编号
162

Whippet

惠比特犬

奔跑速度极快的猎犬

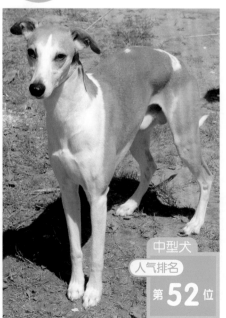

耐寒性

清洁工具

运动量

30 分钟 ×2

中型犬

人气排名

第**52**位

相天数据	
身　高：	雄性 48~56cm；雌性 46~53cm
体　重：	约 13kg
价　格：	人民币 1 万 ~1.9 万元
原产地：	英国
性格特点：	顺从、忠诚、重感情
易患疾病：	皮肤病、口盖开裂

驯养指数

4 判断力

4 易驯养性

3 社会性、协调性

3 友好性

3 健康性

3 适合初学者

　　大约 100 年前由灵缇犬（Geryhound）、意大利灵缇犬（Italian Greyhound）等交配而成，当时的主要作用是帮助人类追赶野兔，后来还参加过犬展。

第 2 组
犬种编号 61

Saint Bernard Dog
圣伯纳犬
所有犬种中最重量级的搜救犬

大型犬

人气排名

第 **53** 位

耐寒性

清洁工具

运动量

60 分钟 ×2

相关数据

身　　高：	雄性 70cm 以上、雌性 65cm 以上	
体　　重：	50~91kg	
价　　格：	人民币 1.1 万 ~1.9 万元	
原 产 地：	瑞士	
性格特点：	憨厚、顺从、黏人	
易患疾病：	关节炎	

驯养指数

5 判断力
2 易驯养性
4 社会性、协调性
4 友好性
4 健康性
2 适合初学者

最早出现在阿尔卑斯山的圣伯纳修道院中，因此而得名。由于在 1980 年的雪崩中成功救出 40 名幸存者而闻名世界，19 世纪之后才开始扩大饲养的范围。

第 5 组
犬种编号 265

Akita
秋田犬
原产于日本的世界级名犬

耐寒性

清洁工具

运动量

60 分钟 ×2

相关数据

身　　高：	60~71cm
体　　重：	34~50kg
价　　格：	人民币 0.8 万 ~1.5 万元
原 产 地：	日本
性格特点：	顺从、忠诚、重感情、憨厚
易患疾病：	甲状腺相关疾病

驯养指数

4 判断力
3 易驯养性
3 社会性、协调性
2 友好性
4 健康性
3 适合初学者

大型犬

人气排名

第 **54** 位

它的祖先本来是中型犬，19 世纪后半期，在与大丹犬（Great Dane）、土佐犬（Tosa）等交配之后逐渐变成大型犬。这是日本的代表性犬种，在国际上知名度都非常高，1931 年被指定为日本的天然纪念物。

第 7 组

犬种编号 120

Irish Red Setter

爱尔兰红色蹲猎犬

拥有华丽被毛的魅力型名犬

大型犬

人气排名 第 **55** 位

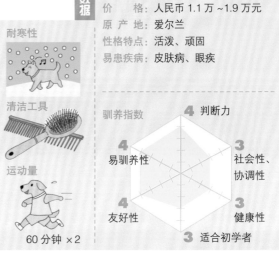

耐寒性

清洁工具

运动量 60 分钟 ×2

相关先天数据	
身 高：	雄性约 69cm、雌性约 64cm
体 重：	雄性约 32kg、雌性约 27kg
价 格：	人民币 1.1 万~1.9 万元
原产地：	爱尔兰
性格特点：	活泼、顽固
易患疾病：	皮肤病、眼疾

驯养指数

- 判断力 4
- 社会性、协调性 3
- 健康性 3
- 适合初学者 3
- 友好性 4
- 易驯养性 4

关于这个犬种的历史有好几种观点，得到人们普遍认同的是认为它起源于 15 世纪。因为它拥有准确的判断力和较快的奔跑速度，所以一直被用作猎犬，帮助人们捕捉野兔或野鹿。

第 10 组

犬种编号 269

Saluki

萨路基犬

外形简洁、干练的古老犬种

大型犬

人气排名 第 **56** 位

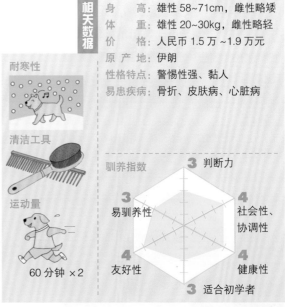

耐寒性

清洁工具

运动量 60 分钟 ×2

相关先天数据	
身 高：	雄性 58~71cm，雌性略矮
体 重：	雄性 20~30kg，雌性略轻
价 格：	人民币 1.5 万~1.9 万元
原产地：	伊朗
性格特点：	警惕性强、黏人
易患疾病：	骨折、皮肤病、心脏病

驯养指数

- 判断力 3
- 社会性、协调性 4
- 健康性 4
- 适合初学者 3
- 友好性 4
- 易驯养性 3

这个犬种的历史非常长，可以追溯到公元前 7000 年前，是所有犬种中历史最长的一个。当时它主要跟随沙漠里的游牧民族狩猎野鹿、狐狸、野狼等大型动物。

第 **2** 组
犬种编号 50

Newfoundland
纽芬兰犬
擅长游泳的大型犬

大型犬
人气排名 第**57**位

耐寒性

清洁工具

运动量

60 分钟 ×2

相关数据	身　高：	雄性约71cm、雌性约66cm
	体　重：	雄性 59~68kg、雌性 45~54kg
	价　格：	人民币 1.5 万 ~1.9 万元
	原产地：	加拿大（纽芬兰岛）
	性格特点：	憨厚、重感情、友好
	易患疾病：	心脏病、胃痉挛、眼疾、神智障碍引起的疾病

驯养指数

4 判断力
3 易驯养性
4 社会性、协调性
5 友好性
4 健康性
2 适合初学者

据说它的祖先是 16 世纪跟随渔夫出海的古老犬种，比利牛斯山地犬（Pyrenean Mountain Dog）也是它的后代。19 世纪初从加拿大的纽芬兰岛传入欧洲，迅速成为备受欢迎的犬种。

第 **9** 组
犬种编号 80

Brussels Griffon
布鲁塞尔格里芬犬
比利时王室最宠爱的名犬

耐寒性

清洁工具

运动量

20 分钟 ×2

小型犬
人气排名 第**58**位

相关数据	身　高：	18~20cm
	体　重：	3.5~5kg
	价　格：	人民币 1.5 万 ~2.3 万元
	原产地：	比利时
	性格特点：	活泼、调皮、憨厚、顽固
	易患疾病：	呼吸系统相关疾病、口盖开裂

驯养指数

3 判断力
3 易驯养性
4 社会性、协调性
5 友好性
4 健康性
4 适合初学者

这是在 17 世纪由比利时的土著犬种和艾芬宾莎犬（Affenpinscher）交配而成，主要用于捕捉老鼠等小动物。因为深受比利时王室的喜爱而被称为"高尚之犬"。

第 5 组

犬种编号 317

Kai

甲斐犬

生活在古代甲斐国的野生犬种

中型犬

人气排名 第**59**位

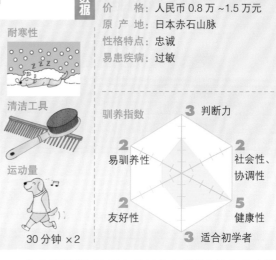

相关数据	
身　高：	雄性约 53cm、雌性约 48cm
体　重：	16~18kg
价　格：	人民币 0.8 万 ~1.5 万元
原产地：	日本赤石山脉
性格特点：	忠诚
易患疾病：	过敏

耐寒性

清洁工具

运动量

30 分钟 ×2

驯养指数

- 3 判断力
- 2 社会性、协调性
- 5 健康性
- 3 适合初学者
- 2 友好性
- 2 易驯养性

　　在古代甲斐国（现在的日本山梨县）的山岳地带，它主要被用来狩猎野猪、野鹿和野兔。1934 年成为首个被指定为天然纪念物的日本中型犬。

第 1 组

犬种编号 342

Australian Shepherd

澳大利亚牧羊犬

起源于美国生长在澳大利亚的牧羊犬

大型犬

人气排名 第**60**位

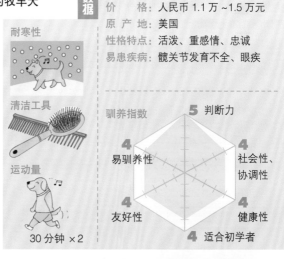

相关数据	
身　高：	46~58cm
体　重：	16~32kg
价　格：	人民币 1.1 万 ~1.5 万元
原产地：	美国
性格特点：	活泼、重感情、忠诚
易患疾病：	髋关节发育不全、眼疾

耐寒性

清洁工具

运动量

30 分钟 ×2

驯养指数

- 5 判断力
- 4 社会性、协调性
- 4 健康性
- 4 适合初学者
- 4 友好性
- 4 易驯养性

　　虽然它的犬种名称中带有澳大利亚的字样，不过它却是原产自美国。19 世纪随着移民者进入澳大利亚，后来又与当地的牧羊犬、柯利犬等交配而成。

第9组 犬种编号 231

Tibetan Spaniel
西藏猎犬
原产自中国西藏的表情丰富的小型犬

小型犬
人气排名
第61位

相关数据

身　　高：	24~28cm
体　　重：	4~7kg
价　　格：	人民币 1.1 万 ~1.9 万元
原 产 地：	中国西藏地区
性格特点：	自负、顽固、忠诚
易患疾病：	皮肤病、眼疾

驯养指数

- 2 判断力
- 2 易驯养性
- 2 社会性、协调性
- 3 友好性
- 3 健康性
- 3 适合初学者

耐寒性　　清洁工具　　运动量

10 分钟 ×2

　　关于它的起源没有确切的记载，据说是西施犬（Shih Tzu）和北京犬（Pekingese）的后代。后来被牧师带到欧洲，1905 年引进英国。

第3组 犬种编号 7

Airedale Terrier
万能梗犬
曾经作为军用犬的大型梗犬

耐寒性

清洁工具

运动量

60 分钟 ×2

大型犬
人气排名
第62位

相关数据

身　　高：	56~61cm
体　　重：	20~30kg
价　　格：	人民币 1.4 万 ~1.9 万元
原 产 地：	英国
性格特点：	活泼、耐性强、顽固
易患疾病：	皮肤病、关节炎

驯养指数

- 4 判断力
- 4 易驯养性
- 3 社会性、协调性
- 3 友好性
- 3 健康性
- 3 适合初学者

　　它是在 1850 年由奥达猎犬（Otterhound）和已经灭绝的黑褐梗犬（Black and Tan Terrier）交配而成。主要生活在英格兰的中部地区，曾经被作为军用犬。

JKC 登记犬种

第10组

犬种编号 228

Afghan Hound

阿富汗猎犬

气质高贵的魅力型古代犬种

大型犬

人气排名
第**63**位

相天数据		
身体价	高：65~74cm	
	重：23~27kg	
	格：人民币 1.1 万 ~1.9 万元	
原产地：阿富汗		
性格特点：随和、安静、胆小		
易患疾病：关节炎、过敏		

耐寒性

清洁工具

运动量
60 分钟 ×2

驯养指数

3 判断力
4 社会性、协调性
3 健康性
2 适合初学者
2 友好性
2 易驯养性

在古埃及遗址的工艺品中就曾发现与它相似的图案。在原产地阿富汗地区，它主要被游牧民族用于狩猎野猪或野兔。19 世纪末才被引进英国。

第8组

犬种编号 125

English Springer Spaniel

英国史宾格犬

历史悠久的猎鸟犬

中型犬

人气排名
第**64**位

相天数据		
身体价	高：雄性约51cm、雌性约48cm	
	重：22~25kg	
	格：人民币 1.1 万 ~1.9 万元	
原产地：英国		
性格特点：重感情、聪明		
易患疾病：皮肤病、眼疾、关节炎		

耐寒性

清洁工具

运动量
30 分钟 ×2

驯养指数

4 判断力
4 社会性、协调性
2 健康性
3 适合初学者
4 友好性
5 易驯养性

这是最古老的猎犬之一，它的历史已经有六百多年，1901 年就获得了犬种认证。与英国可卡犬（English Cocker Spaniel）有很近的血缘关系，主要用途是猎鸟。

Welsh Corgi Cardigan

卡狄根威尔士柯基犬

比彭布罗克威尔士柯基犬稍大一些

中型犬
人气排名 第 **65** 位

相关数据

身　　高	27~32cm
体　　重	雄性 13.5~17kg，雌性略轻
价　　格	人民币 1.3 万 ~1.9 万元
原 产 地	英国
性格特点	活泼、好奇心强
易患疾病	视网膜脱落、青光眼、尿道结石

耐寒性

清洁工具

运动量

30 分钟 ×2

驯养指数

4 判断力
3 社会性、协调性
3 健康性
3 适合初学者
5 友好性
3 易驯养性

　　它和彭布罗克威尔士柯基犬（Welsh Corgi Pembroke）非常相似，只是身体要大一些，历史也更长。它是在 1200 年之前由库尔特民族带入威尔士地区，据说与身长腿短的腊肠犬（Dachshund）有着共同的血统。

Old English Sheepdog

古代英国牧羊犬

毛绒球般的可爱牧羊犬

大型犬
人气排名 第 **66** 位

相关数据

身　　高	雄性 56cm 以上、雌性 53cm 以上
体　　重	约 30kg
价　　格	人民币 1.1 万 ~1.9 万元
原 产 地	英国
性格特点	自负、顽固
易患疾病	皮肤病、外耳炎、关节炎

耐寒性

清洁工具

运动量

60 分钟 ×2

驯养指数

3 判断力
4 社会性、协调性
2 健康性
2 适合初学者
2 友好性
3 易驯养性

　　19 世纪初的时候，铁路还没有普及，人们就用它来将家畜赶到集市。它主要生活在伦敦地区，用途是牧羊。

第 6 组

犬种编号
67

Petit Basset Griffon Vendeen

小格里芬旺代犬

身长腿短的可爱犬种

中型犬

人气排名

第 67 位

相天数据		
身 高：	33~38cm	
体 重：	15~18kg	
价 格：	人民币 1.5 万 ~2.3 万元	
原产地：	法国	
性格特点：	自负、重感情	
易患疾病：	外耳炎、皮肤病、眼疾	

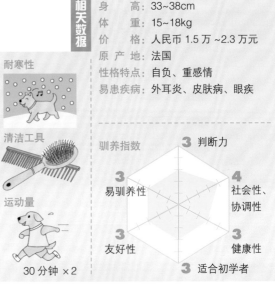

耐寒性

清洁工具

运动量

30 分钟 ×2

驯养指数

判断力 3
社会性、协调性 4
健康性 3
适合初学者 3
友好性 3
易驯养性 3

犬种名称的法语意思是"小型、短腿、粗毛的小狗"。它的祖先是生活在法国巴登地区的古老犬种，它的用途主要是狩猎小型的动物。

第 3 组

犬种编号
13

Toy Manchester Terrier

曼彻斯特玩具梗犬

肌肉结实、聪明机警的活力梗犬

小型犬

人气排名

第 68 位

相天数据		
身 高：	25~30cm	
体 重：	2.7~3.6kg	
价 格：	人民币 1.1 万 ~1.9 万元	
原产地：	英国	
性格特点：	好奇心强、活泼、调皮、憨厚、黏人	
易患疾病：	皮肤病、关节炎、骨折	

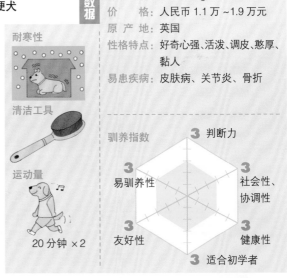

耐寒性

清洁工具

运动量

20 分钟 ×2

驯养指数

判断力 3
社会性、协调性 3
健康性 3
适合初学者 3
友好性 3
易驯养性 3

19 世纪末的时候，英国人对小型的曼彻斯特梗犬情有独钟，所以它应运而生。之前它一直被用于捕捉老鼠等小动物，也被称为英国玩具梗犬。

第 5 组
犬种编号 212

Samoyed

萨摩耶犬

原产自寒冷的西伯利亚地区的大型狐狸犬

大型犬
人气排名
第 69 位

相关数据

身	高	雄性 53~60cm、雌性 48~53cm
体	重	19~30kg
价	格	人民币 1.1 万 ~1.9 万元
原产地		俄罗斯（西伯利亚地区）
性格特点		重感情、害怕孤独
易患疾病		关节炎

耐寒性

清洁工具

运动量

60 分钟 ×2

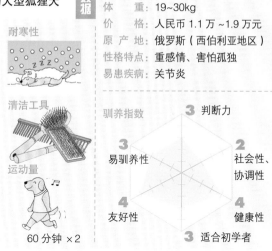

驯养指数

判断力 3
社会性、协调性 2
健康性 4
适合初学者 3
友好性 4
易驯养性 3

它主要在西伯利亚地区帮助那里的萨摩耶族狩猎野鹿或拖拉雪橇。因为一直生活在严寒地区，所以还经常被用于极地探险。据说它是日本狐狸犬（Japanese Spitz）的祖先。

第 8 组
犬种编号 314

Kooikerhondje

库依克豪德杰犬

险些濒临绝种的猎鸟犬

中型犬
人气排名
第 70 位

相关数据

身	高	35~41cm
体	重	9~11kg
价	格	目前暂无定价
原产地		荷兰
性格特点		冷静、憨厚、活泼、好奇心强
易患疾病		眼疾、关节炎、内分泌系统相关疾病

耐寒性

清洁工具

运动量

30 分钟 ×2

驯养指数

判断力 5
社会性、协调性 3
健康性 2
适合初学者 4
友好性 4
易驯养性 5

在 18 世纪的荷兰，人们习惯用丝网来捕捉野鸭，它的工作也主要与此相关。20 世纪中期曾濒临绝种，后来在爱犬人士的努力下又有所恢复。

JKC 登记犬种

第 1 组

犬种编号 15

Belgian Shepherd Dog Tervueren

比利时特弗伦牧羊犬

活跃在多个领域的使命感极强的犬种

大型犬

人气排名 第**71**位

相天数据

身体	高：	雄性 61~66cm、雌性 56~61cm
	重：	约 28kg
价格：		人民币 1.1 万 ~1.9 万元
原产地：		比利时
性格特点：		聪明、重感情、顺从
易患疾病：		关节炎、神智障碍引起的疾病、内分泌系统相关疾病

耐寒性

清洁工具

运动量

60 分钟 ×2

驯养指数

- 5 判断力
- 4 易驯养性
- 4 社会性、协调性
- 2 友好性
- 3 健康性
- 3 适合初学者

据说它的祖先是中世纪时生活在欧洲西部地区的牧羊犬，不过没有确切的记载。因为生活在比利时的小镇特弗伦而得名。

第 9 组

犬种编号 227

Lhasa Apso

拉萨阿普索犬

原产自中国西藏的历史悠久的神圣之犬

小型犬

人气排名 第**72**位

相天数据

身体	高：	25~28cm
	重：	6~7kg
价格：		人民币 0.8 万 ~1.5 万元
原产地：		中国西藏地区
性格特点：		活泼、黏人、重感情
易患疾病：		皮肤病、过敏

耐寒性

清洁工具

运动量

20 分钟 ×2

驯养指数

- 2 判断力
- 2 易驯养性
- 2 社会性、协调性
- 2 友好性
- 2 健康性
- 4 适合初学者

这是一个拥有两千多年历史的犬种，过去主要生活在西藏的中心城市拉萨，由僧人或贵族来饲养，据说能够招来幸运。西藏的达赖喇嘛还曾经将它作为贡品献给中国的皇帝。1920 年左右被引入欧洲。

第 **3** 组

犬种编号 168

Dandie Dinmont Terrier

丹迪尔丁曼特梗犬

拥有独特卷毛的人气梗犬

中型犬

人气排名

第 **73** 位

相天数据

身　　高：	20~28cm
体　　重：	8~11kg
价　　格：	人民币 1.5 万 ~1.9 万元
原 产 地：	英国
性格特点：	活泼、顺从
易患疾病：	关节炎、椎间盘突出、皮肤病、外耳炎

驯养指数

3 判断力

3 易驯养性

3 社会性、协调性

4 友好性

3 健康性

3 适合初学者

　　它是在 1700 年由梗犬和腊肠犬（Dachshund）交配而成，主要用于捕捉老鼠等小动物。后来因为出现在沃尔特·斯科特的小说中而一举成名。

耐寒性　　　　清洁工具　　　　运动量

20 分钟 ×2

第 **9** 组

犬种编号 196

Bolognese

博洛尼亚犬

原产自博洛尼亚的可爱犬种

小型犬

人气排名

第 **74** 位

相天数据

耐寒性

清洁工具

运动量

10 分钟 ×2

身　　高：	25~31cm
体　　重：	3~4kg
价　　格：	人民币 1.1 万 ~1.5 万元
原 产 地：	意大利
性格特点：	憨厚、重感情、黏人
易患疾病：	关节炎

驯养指数

3 判断力

3 易驯养性

3 社会性、协调性

4 友好性

4 健康性

4 适合初学者

　　这是 11 世纪时就在欧洲上流社会中非常受欢迎的古老犬种，后来还成为英国女王的爱犬。因为原产自意大利的博洛尼亚地区而得名。

JKC 登记犬种

83

第 3 组

Welsh terrier

威尔士梗犬

犬种编号 78

天真可爱的活力梗犬

小型犬

人气排名

第 **75** 位

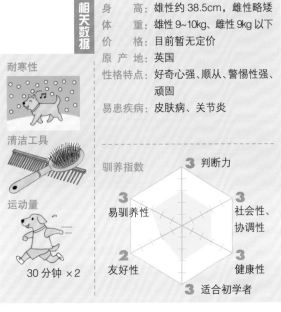

相天数据

身体 | 高：雄性约 38.5cm，雌性略矮
重：雄性 9~10kg、雌性 9kg 以下
价 格：目前暂无定价
原产地：英国
性格特点：好奇心强、顺从、警惕性强、顽固
易患疾病：皮肤病、关节炎

耐寒性

清洁工具

运动量

30 分钟 ×2

驯养指数

判断力 3
社会性、协调性 3
健康性 3
适合初学者 3
友好性 2
易驯养性 3

它于 1760 年在英国北部的威尔士地区培育而成，除了狩猎的用途，它还承担着将狐狸追赶进洞穴等工作。1886 年在英国得到认证。

第 3 组

Sealyham Terrier

西里汉梗犬

犬种编号 148

继承了猎犬血统的勇敢梗犬

小型犬

人气排名

第 **76** 位

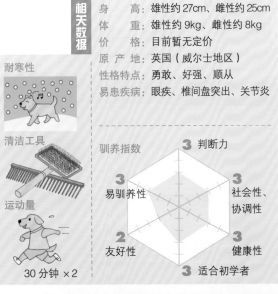

相天数据

身体 | 高：雄性约 27cm，雌性约 25cm
重：雄性约 9kg、雌性约 8kg
价 格：目前暂无定价
原产地：英国（威尔士地区）
性格特点：勇敢、好强、顺从
易患疾病：眼疾、椎间盘突出、关节炎

耐寒性

清洁工具

运动量

30 分钟 ×2

驯养指数

判断力 3
社会性、协调性 3
健康性 3
适合初学者 3
友好性 2
易驯养性 3

19 世纪末在威尔斯的西里汉领地上由约翰爱德华大尉精心改良而成，主要用于水边的狩猎。它的培育过程中除了使用到各种类型的梗犬，还特别引进了柯基犬（Corgi）的血统。

第2组
犬种编号 145

Leonberger
莱昂贝格犬
像狮子般魁梧的大型犬种

大型犬
人气排名
第77位

相关数据

身 高：	雄性 65~80cm，雌性略矮
体 重：	雄性 34~50kg，雌性略轻
价 格：	人民币 2.3 万 ~3.8 万元
原 产 地：	德国
性格特点：	活泼、重感情、耐性强
易患疾病：	关节炎、皮肤病

耐寒性

清洁工具

运动量
60 分钟 ×2

驯养指数
5 判断力
4 易驯养性
4 社会性、协调性
5 友好性
3 健康性
2 适合初学者

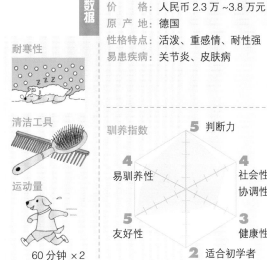

它的名字源于其所生活的德国莱昂贝格市。是在 19 世纪初期由兰西尔犬(Landseer)、圣伯纳犬(Saint Bernard Dog)、比利牛斯山地犬（Pyrenean Mountain Dog）等交配而成，外表上和狮子很像。

JKC 登记犬种

第1组
犬种编号 271

Bearded Collie
长须柯利犬
历史悠久的茶色牧羊犬

相关数据

身 高：	51~56cm
体 重：	18~27kg
价 格：	人民币 1.1 万 ~1.9 万元
原 产 地：	英国（苏格兰地区）
性格特点：	活泼、好奇心强、黏人
易患疾病：	关节炎、视网膜萎缩等眼疾

耐寒性

清洁工具

运动量
60 分钟 ×2

驯养指数
4 判断力
4 易驯养性
3 社会性、协调性
4 友好性
3 健康性
4 适合初学者

中型犬
人气排名
第78位

它的祖先在公元前就生活在苏格兰高地地区，过去一直作为牧羊犬。因为它的被毛较长，所以取名为长须柯利犬。

第 **1** 组

犬种编号 15

Collie Rough

粗毛柯利犬

因为出演电视剧而一跃成名的犬种

大型犬

人气排名

第 **79** 位

相天数据		
身体	高：	雄性 61~66cm、雌性 56~61cm
	重：	雄性 27~34kg、雌性 23~29.5kg
价　格：		人民币 0.8 万~1.5 万元
原 产 地：		英国（苏格兰地区）
性格特点：		活泼、顺从、憨厚
易患疾病：		皮肤病、痢疾、眼疾、心脏病

耐寒性

清洁工具

运动量

60 分钟 ×2

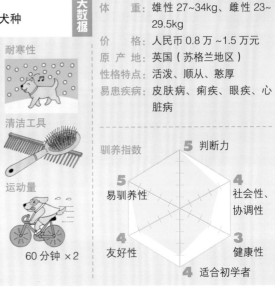

1860 年因维多利亚女王带它访问苏格兰而一举成为上流社会的宠物犬。后来又因为参演电视剧而更受欢迎。

第 **3** 组

犬种编号 76

Staffordshire Bull Terrier

斯塔福德斗牛梗犬

继承了斗犬血统的可爱犬种

中型犬

人气排名

第 **80** 位

相天数据		
身体	高：	35.5~40.5cm
	重：	11~17kg
价　格：		目前暂无定价
原 产 地：		英国
性格特点：		活泼、顺从、攻击性强
易患疾病：		口盖开裂、白内障

耐寒性

清洁工具

运动量

30 分钟 ×2

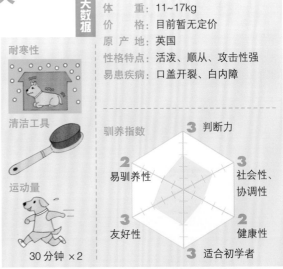

18~19 世纪，由斗牛犬（Bulldog）和梗犬（Terrier）交配而成，主要用作斗犬。后来传入美国并经过多次改良，才形成了现在的犬种。

JKC 登记犬种

第 2 组

犬种编号 197

Nepolitan mastiff

那不勒斯獒犬

曾经跟随罗马大军征战的军用犬

大型犬

人气排名

第 **81** 位

耐寒性

清洁工具

运动量

60 分钟 ×2

身　　高：	雄性 65~72cm、雌性 60~68cm
体　　重：	50~68kg
价　　格：	目前暂无定价
原 产 地：	意大利
性格特点：	调皮、顽固、自负、忠诚
易患疾病：	眼疾、髋关节发育不全、皮肤病

驯养指数

3 判断力	
2 易驯养性	3 社会性、协调性
2 友好性	3 健康性
1 适合初学者	

　　它的祖先是古罗马时代的斗犬及军用犬，随着罗马大军的征战而传遍欧洲，成为其他獒犬的始祖。它的力气非常大，可以用来拖拉货物。

第 3 组

犬种编号 70

Lakeland Terrier

湖畔梗犬

充满活力的卷毛猎犬

小型犬

人气排名

第 **82** 位

耐寒性

清洁工具

运动量

30 分钟 ×2

身　　高：	雄性约 37cm、雌性约 34cm
体　　重：	雄性约 8kg，雌性略轻
价　　格：	人民币 1.9 万 ~2.6 万元
原 产 地：	英国
性格特点：	活泼、好强、冷静
易患疾病：	眼疾、皮肤病

驯养指数

3 判断力	
3 易驯养性	2 社会性、协调性
3 友好性	3 健康性
3 适合初学者	

　　它是由已经灭绝的梗犬犬种和贝灵顿梗犬（Bedlington Terrier）交配而成，主要用于在农场中捕捉老鼠、看护家畜。在经过许多次的改良后，1912年首次参加犬展。

第 **1** 组
犬种编号 15

Belgion Shepherd Dog Groenendael
比利时格罗安达牧羊犬
拥有漆黑亮泽被毛的长毛牧羊犬

大型犬
人气排名
第**83**位

相关数据

身	高：	雄性 61~66cm、雌性 56~61cm
体	重：	约 28kg
价	格：	人民币 1.4 万 ~1.9 万元
原 产 地：		比利时
性格特点：		重感情、聪明、胆小、攻击性强
易患疾病：		过敏、皮肤病、髋关节发育不全

耐寒性

清洁工具

运动量
60 分钟 ×2

驯养指数

判断力 3
社会性、协调性 3
健康性 3
适合初学者 2
友好性 1
易驯养性 4

这是 19 世纪末在比利时培育出的能够忍受粗粮和恶劣气候的牧羊犬。比利时牧羊犬根据被毛的差异可以分为四种，这个犬种拥有漆黑色长毛。

第 **3** 组
犬种编号 9

Bedlington Terrier
贝灵顿梗犬
姿态优雅的纯白色梗犬

小型犬
人气排名
第**84**位

身	高：	38~43cm
体	重：	8~10kg
价	格：	人民币 1.4 万 ~1.9 万元
原 产 地：		英国
性格特点：		好奇心强、重感情、胆小
易患疾病：		眼疾、内分泌系统相关疾病、肝炎

相关数据

耐寒性

清洁工具

运动量
30 分钟 ×2

驯养指数

判断力 2
社会性、协调性 2
健康性 3
适合初学者 1
友好性 1
易驯养性 2

它的祖先是普通矿工家庭饲养的斗犬。由于在贝灵顿地区数量较多而得名，1925 年获得独立的犬种认证。

第**1**组

犬种编号 251

Polish Lowland Sheepdog

波兰低地牧羊犬

波兰牧羊犬的后代

中型犬

人气排名

第**85**位

相关数据	身　高：	雄性 31~41cm、雌性 38~39cm
	体　重：	13~15kg
	价　格：	目前暂无定价
	原 产 地：	波兰
	性格特点：	聪明、温和、顺从
	易患疾病：	皮肤病、关节炎

耐寒性

清洁工具

运动量

30 分钟 ×2

驯养指数

4 判断力

3 易驯养性

3 社会性、协调性

3 友好性

2 健康性

4 适合初学者

据说它是长须柯利犬（Bearded Collie）的祖先。正如犬种名称中描述的那样，它的主要用途就是牧羊。曾经一度数量骤减，后来在爱犬人士的努力下又有所恢复。

第**3**组

犬种编号 259

Japanese Terrier

日本梗犬

唯一原产自日本的梗犬

小型犬

人气排名

第**86**位

相关数据	身　高：	30~33cm
	体　重：	约 5kg
	价　格：	人民币 1.1 万 ~1.9 万元
	原 产 地：	日本
	性格特点：	好奇心强、活泼、调皮、憨厚、黏人
	易患疾病：	皮肤病、关节炎、骨折

耐寒性

清洁工具

运动量

10 分钟 ×2

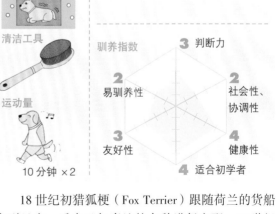

驯养指数

3 判断力

2 易驯养性

2 社会性、协调性

3 友好性

4 健康性

4 适合初学者

18 世纪初猎狐梗（Fox Terrier）跟随荷兰的货船来到日本，后来又与当地的犬种进行交配，19 世纪初在关西形成了现在的犬种。曾经濒临绝种后来又有所恢复。

JKC 登记犬种

第 5 组

犬种编号 243

Alaskan Malamute

阿拉斯加雪橇犬

原产自阿拉斯加地区的能够忍受严寒的犬种

大型犬

人气排名

第 87 位

相关数据

| 身体 | 高：58~71cm |
| | 重：39~56kg |
| 价格：人民币 0.8 万 ~1.5 万元 |
| 原产地：美国（阿拉斯加地区） |
| 性格特点：冷静、憨厚、顺从 |
| 易患疾病：关节炎 |

耐寒性

清洁工具

运动量

60 分钟 ×2

驯养指数

3 判断力

3 易驯养性

4 社会性、协调性

4 友好性

3 健康性

3 适合初学者

　　这是一个原产自阿拉斯加地区、能够忍受严寒的犬种，和生活在阿拉斯加西部的马拉缪特民族关系密切，主要被用于拖拉雪橇、狩猎和捕鱼。

第 1 组

犬种编号 160

Irish wolfhound

爱尔兰猎狼犬

世界最大的超大型犬

大型犬

人气排名

第 88 位

相关数据

| 身体 | 高：雄性 81~86cm，雌性 76~81cm |
| | 重：雄性约 54kg，雌性约 48kg |
| 价格：目前暂无定价 |
| 原产地：爱尔兰 |
| 性格特点：重感情、顺从、冷静 |
| 易患疾病：髋关节发育不全、胃痉挛、眼疾 |

耐寒性

清洁工具

运动量

60 分钟 ×2

驯养指数

5 判断力

4 易驯养性

4 社会性、协调性

5 友好性

3 健康性

3 适合初学者

　　这个犬种的历史较长，在古罗马时代就有相关的文字记载。当时它主要被用于狩猎狼和野鹿，后来因为大量出口国外而数量骤减，19 世纪时甚至濒临绝种，后来又逐渐恢复。

第 **3** 组

犬种编号 3

Kerry Blue Terrier

凯利蓝梗犬

美丽的深蓝色亮泽被毛

中型犬

人气排名

第**89**位

相关数据

身 高：	雄性 46~50cm、雌性 44~48cm
体 重：	雄性 15~18kg，雌性略轻
价 格：	人民币 1.5 万 ~1.9 万元
原产地：	爱尔兰
性格特点：	活泼、自负、攻击性强
易患疾病：	肿瘤、眼疾、皮肤病、过敏

驯养指数

4 判断力

3 易驯养性

2 社会性、协调性

1 友好性

2 健康性

2 适合初学者

这是几百年前就生活在爱尔兰地区的犬种。19世纪的时候在凯利州饲养得较多，因此得名。现在也主要是用作猎犬、畜牧犬和警犬，是爱尔兰的国犬。

耐寒性　　　清洁工具　　　运动量

60 分钟 ×2

JKC 登记犬种

第 **1** 组

犬种编号 55

Puli

波利犬

拥有黑色卷毛的畜牧犬

中型犬

人气排名

第**90**位

相关数据

身 高：	雄性约 43cm、雌性约 40.5cm
体 重：	9~18kg
价 格：	人民币 1.5 万 ~1.9 万元
原产地：	匈牙利
性格特点：	重感情、顽固
易患疾病：	关节炎、眼疾、皮肤病

耐寒性

清洁工具

运动量

30 分钟 ×2

驯养指数

5 判断力

5 易驯养性

3 社会性、协调性

2 友好性

2 健康性

2 适合初学者

它的祖先是随着游牧的马扎尔人进入匈牙利的古老犬种，在一千多年之前就作为畜牧犬广泛使用。西藏梗犬（Tibetan Terrier）可能是其祖先。

91

第 1 组

犬种编号 83

Schipperke

舒伯齐犬

动作矫健，反应机敏

小型犬

人气排名 第 **91** 位

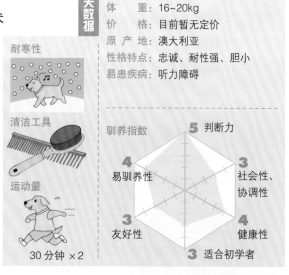

耐寒性

清洁工具

运动量

20 分钟 ×2

相天数据		
身　高：	雄性 28~33cm、雌性 25.5~30.5cm	
体　重：	5.4~7.3kg	
价　格：	目前暂无定价	
原产地：	比利时	
性格特点：	重感情	
易患疾病：	皮肤病、过敏、髋关节发育不全、眼疾	

驯养指数

3 判断力

3 易驯养性

3 社会性、协调性

4 友好性

3 健康性

4 适合初学者

它的历史可以追溯到 16 世纪初。在比利时它主要用于看守运河、捕捉老鼠，犬种名称的法语意思是"小船长"。

第 1 组

犬种编号 287

Australia Cattle Dog

澳大利亚牧牛犬

耐力持久、身体结实的畜牧犬

中型犬

人气排名 第 **92** 位

耐寒性

清洁工具

运动量

30 分钟 ×2

相天数据	
身　高：	43~51cm
体　重：	16~20kg
价　格：	目前暂无定价
原产地：	澳大利亚
性格特点：	忠诚、耐性强、胆小
易患疾病：	听力障碍

驯养指数

5 判断力

4 易驯养性

3 社会性、协调性

3 友好性

4 健康性

3 适合初学者

19 世纪中期由英国人带入澳大利亚，由凯利蓝梗犬（Kerry Blue Terrier）和当地的土著犬种交配而成，主要用于放牧牛群。

第3组

犬种编号
72

Norwich Terrier

罗威士梗犬

拥有直立耳的最小梗犬

小型犬

人气排名

第93位

相关数据		
身　高：	25.5cm 以下	
体　重：	约 5.5kg	
价　格：	目前暂无定价	
原产地：	英国	
性格特点：	活泼、好奇心强	
易患疾病：	皮肤病、过敏	

耐寒性

清洁工具

运动量

20 分钟 ×2

驯养指数

5 判断力

5 易驯养性

3 社会性、协调性

4 友好性

3 健康性

4 适合初学者

它的祖先是 19 世纪末期生活在英国南部罗威士地区的犬种。有直立耳和垂耳两种类型，1964 年获得了独立的犬种认证。

JKC 登记犬种

第3组

犬种编号
286

American Staffordshire Terrier

美国斯塔福德郡梗犬

斗志昂扬的活力犬种

中型犬

人气排名

第94位

相关数据		
身　高：	雄性 46~48cm、雌性 43~46cm	
体　重：	18~23kg	
价　格：	目前暂无定价	
原产地：	美国	
性格特点：	顺从、耐性强、攻击性强	
易患疾病：	关节炎、肿瘤、白内障	

耐寒性

清洁工具

运动量

30 分钟 ×2

驯养指数

3 判断力

2 易驯养性

2 社会性、协调性

1 友好性

3 健康性

2 适合初学者

这是由移民美国的英国人用斯塔福郡梗犬（Staffordshire Terrier）改良成的新犬种。它拥有发达的肌肉，一直被作为斗犬。1936 年获得犬种认证。

第 **2** 组

犬种编号
309

Shar Pei

沙皮犬

以褶皱的面部容貌为主要特征

中型犬

人气排名

第 **95** 位

相天数据		
身　高：	46~51cm	
体　重：	18~23kg	
价　格：	人民币 1.4 万 ~2.3 万元	
原产地：	中国	
性格特点：	顽固、重感情	
易患疾病：	过敏、皮肤病、眼疾	

耐寒性

清洁工具

运动量

30 分钟 ×2

驯养指数

判断力 2
社会性、协调性 4
健康性 2
适合初学者 3
友好性 4
易驯养性 1

　　它的祖先是西藏獒犬（Tibetan Mastiff），原产自中国的广东省，是看护农场的工作犬。它的面部皮肤松弛、褶皱很多，因此而得名。

第 **5** 组

犬种编号
205

Chow Chow

松狮犬

毛茸茸的被毛和幼熊很相似

大型犬

人气排名

第 **96** 位

相天数据		
身　高：	43~51cm	
体　重：	20~32kg	
价　格：	人民币 0.9 万 ~1.5 万元	
原产地：	中国（广东地区）	
性格特点：	胆小、警惕性强	
易患疾病：	眼疾、髋关节发育不全、口盖开裂、内分泌系统相关疾病	

耐寒性

清洁工具

运动量

30 分钟 ×2

驯养指数

判断力 2
社会性、协调性 3
健康性 2
适合初学者 2
友好性 3
易驯养性 2

　　它的祖先在约 3000 年前就生活在中国广东省。主要用于狩猎、看护农场，也可以食用。18 世纪末被引入欧洲。

JKC 登记犬种

第9组

犬种编号
209

Tibetan Terrier
西藏梗犬
原产自中国西藏的幸运之犬

身　　高：	雄性 36~41cm, 雌性略矮
体　　重：	8~13.5kg
价　　格：	人民币 1.1 万 ~1.9 万元
原 产 地：	中国西藏地区
性格特点：	好奇心强、聪明、活泼
易患疾病：	过敏、皮肤病、眼疾

小型犬

人气排名

第97位

驯养指数

4 判断力

3 易驯养性

4 社会性、协调性

4 友好性

3 健康性

3 适合初学者

耐寒性　　清洁工具　　运动量

20 分钟 ×2

　　这是西藏拉萨的寺庙中用来招徕幸运的神犬。它的被毛浓密，可以作为衣服的原料。它还是称职的工作犬和猎犬。

第7组

犬种编号
2

English Setter
英国雪达犬
英国最具代表性的猎鸟犬

身　　高：	雄性约 64cm、雌性约 61cm
体　　重：	25~30kg
价　　格：	人民币 1.1 万 ~1.9 万元
原 产 地：	英国
性格特点：	活泼、慈厚、顺从
易患疾病：	听力障碍、皮肤病

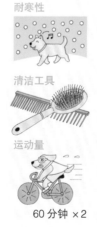
耐寒性

清洁工具

运动量
60 分钟 ×2

大型犬

人气排名

第98位

驯养指数

4 判断力

3 易驯养性

4 社会性、协调性

4 友好性

健康性

3 适合初学者

　　它是由古老的猎犬和指示犬、水犬等交配而成。它能够准确地找到猎物的位置，属于蹲猎犬的一种。

第2组
犬种编号 157

Bullmastiff White Terrier

斗牛獒犬

敢于和狮子搏斗的勇敢犬种

大型犬

人气排名

第**99**位

相关数据		
身　高：	雄性 63~69cm、雌性 61~66cm	
体　重：	雄性 50~59kg、雌性 45~54kg	
价　格：	人民币 1.9 万 ~2.6 万元	
原产地：	英国	
性格特点：	忠诚、好强	
易患疾病：	髋关节发育不全、内分泌系统相关疾病、眼睑异常	

耐寒性

清洁工具

运动量 60 分钟 ×2

驯养指数

- 4 判断力
- 3 社会性、协调性
- 2 健康性
- 1 适合初学者
- 1 友好性
- 4 易驯养性

它被称为英国的魏玛猎犬（Weimaraner），是 19 世纪中期由斗牛犬（Bulldog）和獒犬（Mastiff）交配而成，用于狩猎或者看护农场。曾于 1871 年留下了其与狮子搏斗的文字记载。

第9组
犬种编号 82

Petit Brabanson

短毛伯利斑松犬

表情严肃的超人气犬种

小型犬

人气排名

第**100**位

相关数据		
身　高：	21~28cm	
体　重：	2.5~5.5kg	
价　格：	目前暂无定价	
原产地：	比利时	
性格特点：	活泼、顽固、自负	
易患疾病：	鼻腔狭窄、眼疾	

耐寒性

清洁工具

运动量 10 分钟 ×2

驯养指数

- 4 判断力
- 2 社会性、协调性
- 2 健康性
- 3 适合初学者
- 4 友好性
- 3 易驯养性

关于它的起源没有确切的记载，据说是由平毛伯利斑松犬（Smooth Brabanson）和格里芬犬（Griffon）、巴哥犬（Pug）等交配而成。因为参与美国喜剧的拍摄而一举成名。

第3组
犬种编号 10

Border Terrier

边境梗犬

活跃在边境地带的猎犬

中型犬
人气排名
第101位

相关数据

身　高：25~30.5cm
体　重：10~13.5kg
价　格：人民币 1 万 ~1.9 万元
原产地：英国
性格特点：憨厚、友好、聪明
易患疾病：椎间盘突出、神智障碍引
　　　　　起的相关疾病、尿道系统
　　　　　疾病

耐寒性

清洁工具

运动量

30 分钟 ×2

驯养指数

4 判断力
4 社会性、协调性
3 健康性
4 适合初学者
3 友好性
3 易驯养性

这是 18 世纪初就已经生活在苏格兰和英格兰边境地区的古老犬种。它的主要作用是捕捉老鼠、驱赶狐狸。由于动作非常敏捷，在英国境内一直很受欢迎。

第8组
犬种编号 109

Clumber Spaniel

克伦伯猎犬

深受英国王室喜爱的枪猎犬

大型犬
人气排名
第102位

相关数据

身　高：雄性 48~51cm、雌性 43~48cm
体　重：雄性 32~39kg、雌性 25~32kg
价　格：人民币 1.1 万 ~3 万元
原产地：英国
性格特点：憨厚、顺从、自负
易患疾病：髋关节发育不全、眼睑异常、
　　　　　椎间盘突出、皮肤病

耐寒性

清洁工具

运动量

30 分钟 ×2

驯养指数

3 判断力
4 社会性、协调性
3 健康性
2 适合初学者
1 友好性
3 易驯养性

它吸收了巴赛特猎犬（Basset Hound）和寻血犬（Bloodhound）的血统，主要的用途是帮助猎人取回被击中的猎物，因为深受英国国王爱德华七世和乔治五世的喜爱而出名。

第**2**组
犬种编号
186

Affenpinscher
艾芬宾莎犬
原产自德国的猴面宾莎犬

小型犬
人气排名
第**103**位

相天数据

身	高：	25~30cm
体	重：	3~4kg
价	格：	目前暂无定价
原产地：		德国
性格特点：		聪明、活泼、好奇心强、黏人、警惕性强
易患疾病：		眼疾、皮肤病

耐寒性

清洁工具

运动量

10 分钟 ×2

驯养指数

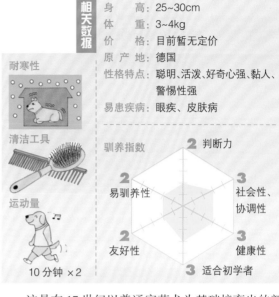

判断力 2
社会性、协调性 3
健康性 3
适合初学者 3
友好性 2
易驯养性 2

这是在 17 世纪以普通宾莎犬为基础培育出的新犬种，主要用于捕捉老鼠。艾芬（Affen）在德语中的意思是"猴面"，这是因为它的相貌和猴子很像。

第**2**组
犬种编号
181

Giant Schnauzer
巨型雪纳瑞犬
喜欢安静的大型雪纳瑞

大型犬
人气排名
第**104**位

相天数据

身	高：	雄性 65~70cm，雌性 60~65cm
体	重：	32~35kg
价	格：	人民币 1.5 万 ~2.3 万元
原产地：		德国
性格特点：		冷静、警惕性强
易患疾病：		皮肤病、髋关节发育不全、尿道感染、过敏

耐寒性

清洁工具

运动量

60 分钟 ×2

驯养指数

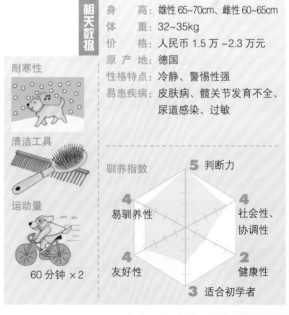

判断力 5
社会性、协调性 4
健康性 2
适合初学者 3
友好性 4
易驯养性 4

它是 19 世纪初在标准雪纳瑞犬（Standard Schnauzer）的基础上进行改良的犬种，主要用于看护牛群。它拥有漆黑的卷毛和结实的肌肉。

Bull Terrier

斗牛梗犬

第 **3** 组
犬种编号 11

以严肃的表情为最显著特征

中型犬

人气排名

第 **105** 位

相天数据

身　　高：约 50cm
体　　重：约 20kg
价　　格：人民币 1.4 万 ~1.9 万元
原 产 地：英国
性格特点：活泼、黏人、重感情
易患疾病：皮肤病、过敏

耐寒性

清洁工具

运动量

30 分钟 ×2

驯养指数

4 判断力
2 易驯养性
3 社会性、协调性
1 友好性
4 健康性
2 适合初学者

它由斗牛犬（Bulldog）和已经绝种的白色英国梗犬（White English Terrier）交配而成。后来又加入了斯塔福德郡斗牛梗犬（Staffordshire Bull Terrier）及指示犬的血统，才慢慢形成了现在的外貌。

Mastiff

獒犬

第 **2** 组
犬种编号 264

古罗马时代就广受欢迎的工作犬

大型犬

人气排名

第 **106** 位

相天数据

身　　高：雄性约 76cm、雌性约 70cm
体　　重：79~86kg
价　　格：人民币 1.5 万 ~2.3 万元
原 产 地：英国
性格特点：耐性强、忠诚、冷静
易患疾病：眼疾、胃胀

耐寒性

清洁工具

运动量

60 分钟 ×2

驯养指数

3 判断力
3 易驯养性
2 社会性、协调性
2 友好性
3 健康性
2 适合初学者

这是个非常古老的犬种，不过在第一次世界大战至第二次世界大战期间却不幸灭绝。后来爱犬人士又用其他的獒犬多次配种，最后成功地使其起死回生。

JKC 登记犬种

第 2 组

犬种编号 292

Dogo Argentino
阿根廷杜高犬
原产自南美地区的纯白色獒犬

大型犬

人气排名

第 **107** 位

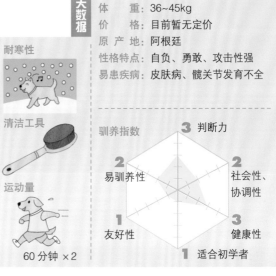

相关数据

身	高：	61~69cm
体	重：	36~45kg
价	格：	目前暂无定价
原 产 地：		阿根廷
性格特点：		自负、勇敢、攻击性强
易患疾病：		皮肤病、髋关节发育不全

耐寒性

清洁工具

运动量

60 分钟 ×2

驯养指数

- 3 判断力
- 2 社会性、协调性
- 3 健康性
- 1 适合初学者
- 1 友好性
- 2 易驯养性

　　它的祖先是由西班牙人带进南美地区的性格暴躁的獒犬。1920 年之后由安东尼奥·瑞斯·马丁那兹博士（Antonio Torres Martinez）培育完成，1964 年在阿根廷国内获得认证，1973 年获得 FCI 认证。

第 1 组

犬种编号 15

Belgian Shepherd Dog Malinois
比利时马利诺斯牧羊犬
短毛的比利时牧羊犬

大型犬

人气排名

第 **108** 位

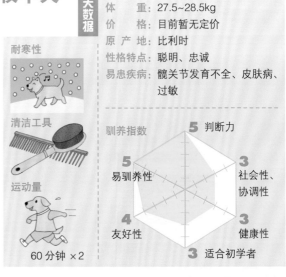

相关数据

身	高：	55~56cm
体	重：	27.5~28.5kg
价	格：	目前暂无定价
原 产 地：		比利时
性格特点：		聪明、忠诚
易患疾病：		髋关节发育不全、皮肤病、过敏

耐寒性

清洁工具

运动量

60 分钟 ×2

驯养指数

- 5 判断力
- 3 社会性、协调性
- 3 健康性
- 3 适合初学者
- 4 友好性
- 5 易驯养性

　　根据被毛的差异，可以将比利时牧羊犬分为比利时特弗伦牧羊犬、比利时格罗安达牧羊犬、比利时拉坎诺斯牧羊犬、比利时马利诺斯牧羊犬四种。最后一个犬种产于比利时的马利诺斯地区，在 19 世纪时获得独立的犬种认证。

第8组

犬种编号
263

Chesapeake Bay Retriever

切萨皮克湾寻猎犬

因海难事故诞生的寻猎犬

大型犬

人气排名
第**109**位

相关数据

身	高：	雄性 58.5~65cm、雌性 53~61cm
体	重：	雄 性 29.5~32.5kg、 雌 性 25~29.5kg
价	格：	目前暂无定价
原产地：		美国
性格特点：		活泼、憨厚、随和、耐性强
易患疾病：		皮肤病、髋关节发育不全

耐寒性

清洁工具

运动量

60 分钟 ×2

驯养指数

5 判断力
5 易驯养性
4 社会性、协调性
4 友好性
3 健康性
4 适合初学者

1807 年，有两艘英国船只因遇海难在美国马里兰州切萨皮克湾海岸搁浅。为了感谢当地人的救助，英国人把船只上的两只纽芬兰犬幼犬赠送给他们，将纽芬兰犬与当地寻猎犬交配，后来就出现了这个新的犬种。

第7组

犬种编号
98

German Wire-haired pointing Dog

德国硬毛指示犬

活力充沛，猎犬中的佼佼者

大型犬

人气排名
第**110**位

相关数据

身	高：	57~68cm
体	重：	25~30kg
价	格：	目前暂无定价
原产地：		德国
性格特点：		勇敢、顺从、活泼
易患疾病：		关节炎、眼疾

耐寒性

清洁工具

运动量

60 分钟 ×2

驯养指数

3 判断力
3 易驯养性
4 社会性、协调性
3 友好性
3 健康性
2 适合初学者

它是由德国牧羊犬（German Shepherd Dog）、格里芬犬（Griffon）等交配而成，19 世纪初在贵族中非常流行。1902 年获得了独立的犬种认证。

JKC 登记犬种

第 5 组
犬种编号 97

Keeshond
荷兰毛狮犬
荷兰境内最受欢迎的狐狸犬

中型犬

人气排名
第 111 位

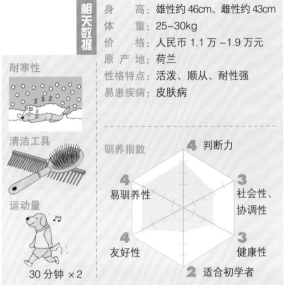

相关数据

身　高：	雄性约 46cm、雌性约 43cm
体　重：	25~30kg
价　格：	人民币 1.1 万 ~1.9 万元
原产地：	荷兰
性格特点：	活泼、顺从、耐性强
易患疾病：	皮肤病

耐寒性

清洁工具

运动量
30 分钟 ×2

驯养指数

判断力 4
社会性、协调性 3
健康性 3
适合初学者 2
友好性 4
易驯养性 4

　　它是 18 世纪荷兰的爱国党首领最喜爱的犬种，后来还成为该党的标志。它在荷兰境内非常受欢迎，主要被用做警犬和猎兽犬。

第 2 组
犬种编号 116

Dogue de Bordeaux
波尔多红獒犬
拥有红色被毛的法国产獒犬

大型犬

人气排名
第 112 位

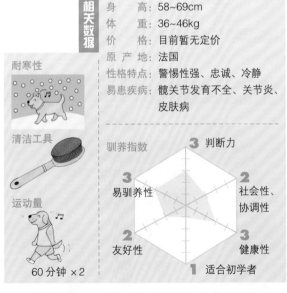

相关数据

身　高：	58~69cm
体　重：	36~46kg
价　格：	目前暂无定价
原产地：	法国
性格特点：	警惕性强、忠诚、冷静
易患疾病：	髋关节发育不全、关节炎、皮肤病

耐寒性

清洁工具

运动量
60 分钟 ×2

驯养指数

判断力 3
社会性、协调性 2
健康性 3
适合初学者 1
友好性 2
易驯养性 3

　　传说它的祖先是随着亚历山大大帝的部队进入欧洲的西藏獒犬，不过并没有被证实。1910 年被确定为标准的犬种并延续至今，又被称为法国獒犬。

第 1 组

犬种编号
293

Australian Kelpie

澳大利亚凯尔皮犬

澳大利亚境内最受欢迎的牧羊犬

身	高	43~51cm
体	重	11.5~14kg
价	格	人民币 0.8 万 ~1.5 万元
原产地		澳大利亚
性格特点		胆小、警惕性强、忠诚
易患疾病		过敏、关节炎

中型犬

人气排名

第**113**位

耐寒性

清洁工具

运动量

30 分钟 ×2

驯养指数

4 判断力

4 易驯养性

2 社会性、协调性

3 友好性

3 健康性

3 适合初学者

它是从苏格兰进入澳大利亚的移民在 1870 年以平毛柯利犬（Smooth Collie）为基础培育出来的牧羊犬。现在已经是澳大利亚境内最受欢迎的牧羊犬。凯尔皮是苏格兰传说中的水怪。

第 2 组

犬种编号
182

Schnauzer

雪纳瑞犬

雪纳瑞三兄弟之一

身	高	雄性 47~50cm、雌性 44~47cm
体	重	23~25kg
价	格	目前暂无定价
原产地		德国
性格特点		重感情、顽固
易患疾病		关节炎、眼疾、皮肤病

中型犬

人气排名

第**114**位

耐寒性

清洁工具

运动量

30 分钟 ×2

驯养指数

5 判断力

5 易驯养性

4 社会性、协调性

3 友好性

4 健康性

4 适合初学者

它的用途主要是看守家畜、捕捉老鼠，在德国境内十分常见。后来又衍生出迷你雪纳瑞（Mini Schnauzer）和巨型雪纳瑞犬（Giant Schnauzer）两个犬种。

第 9 组

犬种编号 81

Belgian Griffon

比利时格里芬犬

在日本越来越受欢迎

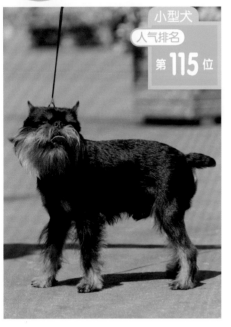

小型犬

人气排名

第 **115** 位

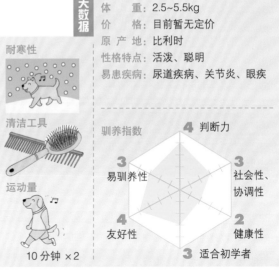

相关数据		
身　高：	18~20cm	
体　重：	2.5~5.5kg	
价　格：	目前暂无定价	
原产地：	比利时	
性格特点：	活泼、聪明	
易患疾病：	尿道疾病、关节炎、眼疾	

耐寒性

清洁工具

运动量

10 分钟 ×2

驯养指数

4 判断力
3 社会性、协调性
2 健康性
3 适合初学者
4 友好性
3 易驯养性

　　比利时格里芬犬和其他的格里芬犬之前都是同一犬种，在 1880 年参加犬展后一举成名，后来获得独立的犬种认证。

第 7 组

犬种编号 118

Large Munsterlander

大明斯特兰德犬

拥有黑白两色美丽被毛的大型猎鸟犬

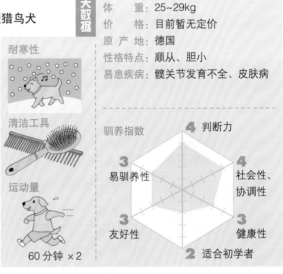

大型犬

人气排名

第 **116** 位

相关数据		
身　高：	58~62cm	
体　重：	25~29kg	
价　格：	目前暂无定价	
原产地：	德国	
性格特点：	顺从、胆小	
易患疾病：	髋关节发育不全、皮肤病	

耐寒性

清洁工具

运动量

60 分钟 ×2

驯养指数

4 判断力
4 社会性、协调性
3 健康性
2 适合初学者
3 友好性
3 易驯养性

　　它此前与德国长毛指示犬（German Longhaired Pointer）是同一犬种，后来因为被毛的颜色差异被放弃。1908 年获得了独立的犬种认证，1919 年开始大规模的繁殖。

第 6 组

犬种编号 146

Rhodesian Ridgeback

罗德西亚脊背犬

勇于追赶狮子的南非犬种

大型犬

人气排名 第 **117** 位

身　　高： 雄性 64~69cm、雌性 61~66cm

体　　重： 雄性约 34kg、雌性约 30kg

价　　格： 目前暂无定价

原 产 地： 非洲南部

性格特点： 聪明、顺从

易患疾病： 关节炎、内分泌系统疾病、皮肤病

耐寒性

清洁工具

运动量 60 分钟 ×2

驯养指数

- 5 判断力
- 5 易驯养性
- 1 社会性、协调性
- 1 友好性
- 3 健康性
- 1 适合初学者

　　19 世纪末，它就生活在南非的罗德西亚地区，主要用于狩猎狮子。因为脊背上有突出的逆毛而得名，是南非地区唯一获得认证的犬种。

第 7 组

犬种编号 117

English Pointer

英国指示犬

英国最具代表性的猎犬

大型犬

人气排名 第 **118** 位

身　　高： 雄性 64~71cm、雌性 58~66cm

体　　重： 雄性 25~34kg、雌性 29~30kg

价　　格： 目前暂无定价

原 产 地： 英国

性格特点： 活泼、顺从、好奇心强

易患疾病： 皮肤病、外耳炎、眼睑内翻、白内障

耐寒性

清洁工具

运动量 60 分钟 ×2

驯养指数

- 4 判断力
- 4 易驯养性
- 4 社会性、协调性
- 4 友好性
- 3 健康性
- 2 适合初学者

　　它的祖先是 16 世纪时生活在西伯利亚半岛的古老犬种，后来又与其他的指示犬进行交配，成为英国最具代表性的猎犬。它能够准确地找到被主人击中的猎物的位置，并由此而得名。

第 1 组
犬种编号 347

White Swiss Shepherd Dog
白色瑞士牧羊犬
拥有纯白色被毛的牧羊犬

大型犬
人气排名
第 119 位

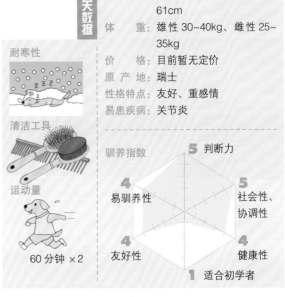

相关数据		
身　高：	雄性 60~66cm、雌性 55~61cm	
体　重：	雄性 30~40kg、雌性 25~35kg	
价　格：	目前暂无定价	
原产地：	瑞士	
性格特点：	友好、重感情	
易患疾病：	关节炎	

耐寒性

清洁工具

运动量
60 分钟 ×2

驯养指数
- 5 判断力
- 4 易驯养性
- 5 社会性、协调性
- 4 友好性
- 4 健康性
- 1 适合初学者

　　它是由美国及加拿大地区的白色牧羊犬繁衍而来。1966 年引进瑞士后大量繁殖，并且在欧洲非常受欢迎。

第 3 组
犬种编号 339

Parson Russell Terrier
帕尔森罗塞尔梗犬
加大版的杰克罗素梗犬

中型犬
人气排名
第 120 位

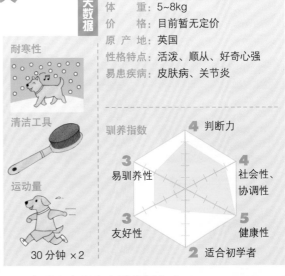

相关数据	
身　高：	33~36cm
体　重：	5~8kg
价　格：	目前暂无定价
原产地：	英国
性格特点：	活泼、顺从、好奇心强
易患疾病：	皮肤病、关节炎

耐寒性

清洁工具

运动量
30 分钟 ×2

驯养指数
- 4 判断力
- 3 易驯养性
- 4 社会性、协调性
- 3 友好性
- 5 健康性
- 2 适合初学者

　　它看上去和杰克罗素梗犬（Jack Russell Terrier）非常相似，只是后者的四肢要短一些。它 1990 年在英国获得独立的犬种认证，2001 年获得 FCI 认证。

第8组
犬种编号
110

Curly Coated Retriver

卷毛寻猎犬

全身黑色卷毛的寻猎犬

大型犬

人气排名

第**121**位

耐寒性

清洁工具

运动量

60 分钟 ×2

相天数据

身　　高	：64~69cm
体　　重	：32~36kg
价　　格	：目前暂无定价
原产地	：英国
性格特点	：顺从、憨厚、活泼、重感情
易患疾病	：过敏、皮肤病、关节炎

驯养指数

- 5 判断力
- 5 易驯养性
- 4 社会性、协调性
- 4 友好性
- 3 健康性
- 2 适合初学者

　　它是由爱尔兰水犬（Irish Water Dog）和拉布拉多寻猎犬（Labrador Retriever）交配而成，主要帮助主人在狩猎时将落入水中的猎物拾回。

JKC 登记犬种

第5组
犬种编号
344

Great Japanese Dog

大日本犬

美国产的新型秋田犬，又名美国秋田犬

大型犬

人气排名

第**122**位

耐寒性

清洁工具

运动量

60 分钟 ×2

相天数据

身　　高	：60~71cm
体　　重	：36~59kg
价　　格	：目前暂无定价
原产地	：美国
性格特点	：憨厚、顺从、警惕性强
易患疾病	：髋关节发育不全

驯养指数

- 3 判断力
- 3 易驯养性
- 3 社会性、协调性
- 2 友好性
- 3 健康性
- 2 适合初学者

　　第二次世界大战结束后，1950 年美军人员将秋田犬带回国后衍生出来的新犬种，被称为美国秋田犬。2000 年获得独立的犬种认证。

第 7 组

犬种编号 95

Brittany

布列塔尼犬

在世界各地都广受欢迎的法国产猎犬

中型犬

人气排名

第 **123** 位

相天数据

身	高：	44~52cm
体	重：	13.5~18kg
价	格：	人民币 1.1 万 ~1.5 万元
原产地：		法国
性格特点：		活泼、重感情、友好
易患疾病：		口盖开裂、髋关节发育不全、血友病

耐寒性

清洁工具

运动量

30 分钟 ×2

驯养指数

- 4 判断力
- 4 易驯养性
- 4 社会性、协调性
- 5 友好性
- 3 健康性
- 4 适合初学者

它的祖先是 18 世纪时法国布列塔尼地区的牧民所饲养的土著犬。它的性格温顺，一般不吠叫，是法国境内最受欢迎的猎鸟犬。

第 3 组

犬种编号 139

Irish Terrier

爱尔兰梗犬

原产自爱尔兰的勇敢梗犬

中型犬

人气排名

第 **124** 位

相天数据

身	高：	约 46cm
体	重：	雄性 约 12.5kg、雌性 约 11.5kg
价	格：	人民币 1.5 万 ~1.9 万元
原产地：		爱尔兰
性格特点：		好强、自负、忠诚、重感情
易患疾病：		肾脏疾病、泌尿系统疾病、皮肤病

耐寒性

清洁工具

运动量

30 分钟 ×2

驯养指数

- 3 判断力
- 2 易驯养性
- 2 社会性、协调性
- 2 友好性
- 3 健康性
- 3 适合初学者

公元几世纪前它就生活在爱尔兰的南部地区，不过直到 1875 年才确定为现在的外貌。主要用途是捕捉野兔或老鼠。

第3组
犬种编号
8

Australia Terrier

澳大利亚梗犬
历史悠久的澳大利亚产梗犬

身　　高：24.5~25.5cm
体　　重：5~6kg
价　　格：目前暂无定价
原 产 地：澳大利亚
性格特点：活泼、警惕性强、攻击性强
易患疾病：皮肤病

耐寒性

清洁工具

运动量
20 分钟 ×2

驯养指数

4 判断力
2 易驯养性
2 社会性、协调性
2 友好性
4 健康性
4 适合初学者

小型犬

人气排名
第**125**位

　　它随着苏格兰移民进入澳大利亚，后来又与当地的小型梗犬以及多个英国产的梗犬交配而成。主要的作用是捕捉老鼠、看护农场。

第8组
犬种编号
312

Nova Scotia Tolling Retriever

斯科舍诱鸭寻猎犬
世界最小的寻猎犬

身　　高：43~53cm
体　　重：17~23kg
价　　格：目前暂无定价
原 产 地：加拿大
性格特点：顺从、重感情、顽固
易患疾病：皮肤病、关节炎

耐寒性

清洁工具

运动量
30 分钟 ×2

驯养指数

4 判断力
5 易驯养性
4 社会性、协调性
5 友好性
3 健康性
4 适合初学者

中型犬

人气排名
第**126**位

　　它生活在加拿大的诺瓦斯科舍，所以以此来命名。它由平毛寻猎犬（Flat Coated Retriever）和爱尔兰红色蹲猎犬（Irish Red Setter）交配而成。

Bouvier Des Flandres

法兰德斯牧牛犬

第1组
犬种编号
191

名著《法兰德斯之犬》的原型

大型犬

人气排名

第 **127** 位

相关数据		
身 高：	雄性 62~70cm、雌性 60~67cm	
体 重：	雄性 35~40kg、雌性 27~35kg	
价 格：	人民币 1.1 万 ~1.9 万元	
原产地：	比利时（法兰德斯地区）	
性格特点：	憨厚、顽固、自负	
易患疾病：	关节炎、消化系统疾病、肿瘤	

耐寒性

清洁工具

运动量

60 分钟 ×2

驯养指数

5 判断力
4 社会性、协调性
2 健康性
2 适合初学者
4 友好性
3 易驯养性

这就是小说《法兰德斯之犬》中所描述的犬种。之前的日本相关漫画中没有采用它的图片，后来又遵照原著更改了过来。它主要被用作警犬和导盲犬。

King charles Spaniel

查理王小猎犬

第9组
犬种编号
128

深受英国王室喜爱的猎犬

小型犬

人气排名

第 **128** 位

相关数据		
身 高：	26~31cm	
体 重：	3.6~6.6kg	
价 格：	人民币 1.1 万 ~1.9 万元	
原产地：	英国	
性格特点：	活泼、憨厚、聪明、重感情	
易患疾病：	皮肤病、过敏	

耐寒性

清洁工具

运动量

20 分钟 ×2

驯养指数

5 判断力
3 社会性、协调性
3 健康性
4 适合初学者
3 友好性
5 易驯养性

17 世纪的时候，英国国王查理二世非常喜欢这个犬种，每天都会带它去散步，后来用自己的名字给它命名。

第 **2** 组

犬种编号
260

Tosa

土佐犬（土佐斗犬）

原产日本却在海外更受欢迎的斗犬

大型犬

人气排名

第**129**位

相天数据

身 高	：	雄性60cm以上、雌性55cm以上
体 重	：	80~90kg
价 格	：	人民币1.1万~2.3万元
原产地	：	日本（高知县）
性格特点	：	顺从、重感情
易患疾病	：	皮肤病、关节炎

耐寒性

清洁工具

运动量

60分钟×2

驯养指数

- 2 判断力
- 2 易驯养性
- 3 社会性、协调性
- 1 友好性
- 4 健康性
- 1 适合初学者

这是在19世纪前期由四国犬（Shikoku）、獒犬（Mastiff）、斗牛犬（Bulldog）、斗牛獒犬（Bull Mastiff）、大丹犬（Great Dane）等交配而成的凶猛斗犬，又被称为日本獒犬。

第 **5** 组

犬种编号
318

Kishu

纪州犬

具有日本特点的纯白色猎犬

中型犬

人气排名

第**130**位

相天数据

身 高	：	雄性约52cm、雌性约46cm
体 重	：	20~30kg
价 格	：	人民币0.8万~1.5万元
原产地	：	日本（和歌山县、三重县等丘陵地带）
性格特点	：	憨厚、顺从、勇敢
易患疾病	：	心脏病

耐寒性

清洁工具

运动量

30分钟×2

驯养指数

- 3 判断力
- 2 易驯养性
- 3 社会性、协调性
- 2 友好性
- 4 健康性
- 3 适合初学者

这是日本古代犬种的后代，主要生长在和歌山县、三重县一带的山林地区。最早是用来狩猎野猪、野鹿的猎犬，现在已逐渐变成家庭犬。1934年被指定为日本的天然纪念物。

第 5 组
犬种编号 338

Thai Ridgeback Dog
泰国脊背犬
背部坚韧的古代犬种

相关数据	
身　高：	58~66cm
体　重：	23~24kg
价　格：	目前暂无定价
原产地：	泰国
性格特点：	随和、慈厚、冷静、警惕性强
易患疾病：	皮肤病

大型犬
人气排名
第 131 位

耐寒性

清洁工具

运动量
60 分钟 ×2

驯养指数
- 判断力 3
- 社会性、协调性 3
- 健康性 4
- 适合初学者 2
- 友好性 2
- 易驯养性 3

在远古的地层中发现了和它相似的犬类化石。它的身材是绒毛类犬和原始猎犬杂交的结果，在 350 年前的泰国书籍中就有关于它的记载，这也说明了它的悠久历史。

第 5 组
犬种编号 319

Shikoku
四国犬
原产自四国地带的纯种犬

相关数据	
身　高：	雄性约 52cm、雌性约 46cm
体　重：	20~30kg
价　格：	人民币 0.8 万 ~1.5 万元
原产地：	日本（高知县等丘陵地区）
性格特点：	耐性强、忠诚、警惕性强
易患疾病：	过敏

中型犬
人气排名
第 132 位

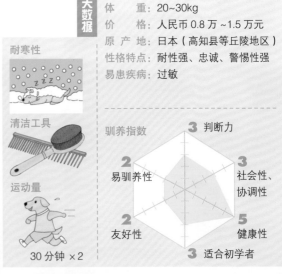

耐寒性

清洁工具

运动量
30 分钟 ×2

驯养指数
- 判断力 3
- 社会性、协调性 3
- 健康性 5
- 适合初学者 3
- 友好性 2
- 易驯养性 2

它能够帮助猎人捕捉野鹿或者野熊，由于一直生长在险峻的山林地区，与其他犬种接触的机会很少，所以保证了它的纯正血统。1937 年被指定为日本的天然纪念物。

Pumi

波密犬

原产自匈牙利的毛绒畜牧犬

中型犬

人气排名
第 **133** 位

相关数据

身 高：	33~48cm	
体 重：	10~15kg	
价 格：	目前暂无定价	
原 产 地：	匈牙利	
性格特点：	好奇心强、好强、警惕性强	
易患疾病：	关节炎、眼疾	

耐寒性

清洁工具

运动量

60 分钟 ×2

驯养指数

3 判断力
3 社会性、协调性
3 健康性
2 适合初学者
2 友好性
2 易驯养性

　　它由多个犬种交配而成，和波利犬（Puli）有很多相似之处。1920 年被指定为独立犬种，1966 年获得 FCI 认证。

Komondor

可蒙犬

拥有白绒绳般被毛的牧羊犬

大型犬

人气排名
第 **134** 位

相关数据

身 高：	雄性 65~80cm、雌性 55~70cm	
体 重：	雄性 50~59kg、雌性 36~50kg	
价 格：	目前暂无定价	
原 产 地：	匈牙利	
性格特点：	忠诚、警惕性强	
易患疾病：	关节炎、皮肤病、眼疾	

耐寒性

清洁工具

基本不需要

运动量

10 分钟 ×2

驯养指数

4 判断力
3 社会性、协调性
2 健康性
1 适合初学者
3 友好性
4 易驯养性

　　关于它的起源有很多种说法，直到 1544 年才确定为现在的犬种名称。它在匈牙利一直被用做牧羊犬，现在在北美地区最为常见。

JKC 登记犬种

Italian Corso Dog
意大利卡斯罗犬

第 2 组
犬种编号 343

被称为"守护者"的古罗马时代斗犬，
在欧洲又名凯因克尔索犬

大型犬
人气排名
第 135 位

相天数据

身体	高：	雄性 64~68cm、雌性 60~64cm
	重：	雄性 45~50kg、雌性 40~45kg
价 格：		目前暂无定价
原产地：		意大利
性格特点：		重感情
易患疾病：		眼疾、急性胃扩张

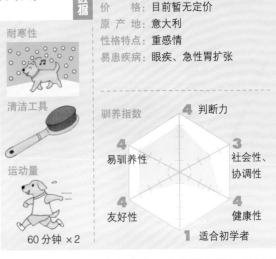

耐寒性

清洁工具

运动量
60 分钟 ×2

驯养指数

判断力 4
社会性、协调性 3
健康性 4
适合初学者 1
友好性 4
易驯养性 4

这是古罗马时代的斗犬，它的祖先被人们用来捕捉熊、野猪等大型动物。近年来它的数量迅速减少，甚至濒临绝种，后来在爱犬人士的努力下有所恢复，不过仍然是稀有犬种。

Greyhound
灵缇犬

第 10 组
犬种编号 158

奔跑时速超过 100 千米的优秀猎犬

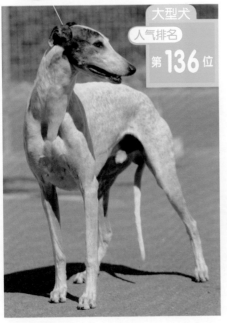

大型犬
人气排名
第 136 位

相天数据

身体	高：	雄性 71~76cm、雌性 68~71cm
	重：	雄性 30~32kg、雌性 27~30kg
价 格：		人民币 1.4 万 ~1.9 万元
原产地：		英国
性格特点：		好强、忠诚
易患疾病：		血友病、眼疾、骨折

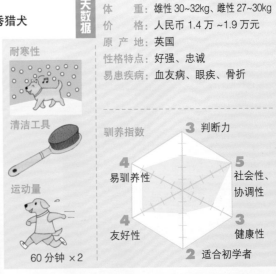

耐寒性

清洁工具

运动量
60 分钟 ×2

驯养指数

判断力 3
社会性、协调性 5
健康性 3
适合初学者 2
友好性 4
易驯养性 4

在 4900 年前古埃及的壁画中就有它的身影，足以证明它的悠久历史。它的祖先被埃及人用来狩猎野兔或野鹿，传入英国后才逐渐改良成现在的外貌。

第**7**组

犬种编号
57

Hungarian Short-haired Pointing Dog

匈牙利短毛指示犬

拥有金黄色短毛的猎犬

大型犬

人气排名

第**137**位

相关数据

身 高：	雄性 56~61cm、雌性 53~58cm
体 重：	22~30kg
价 格：	人民币 1.4 万 ~1.9 万元
原产地：	匈牙利
性格特点：	活泼、好奇心强
易患疾病：	过敏、髋关节发育不全、面部神经麻痹

耐寒性

清洁工具

运动量

60 分钟 ×2

驯养指数

4 判断力
3 易驯养性
4 社会性、协调性
4 友好性
2 健康性
3 适合初学者

1510 年就确定了现在的名字，1850 年才确定为现在的外貌。它的主要用途还是狩猎，据说是在马扎尔人攻占匈牙利后才来到这里。

第**5**组

犬种编号
242

Norwegian Elkhound Grey

灰色挪威猎鹿犬

能够狩猎野鹿的挪威国犬

相关数据

身 高：	雄性约 52cm、雌性约 47cm
体 重：	雄性约 23kg、雌性约 22kg
价 格：	目前暂无定价
原产地：	挪威
性格特点：	顺从、重感情、好强、警惕性强
易患疾病：	视网膜萎缩、皮肤病

耐寒性

清洁工具

运动量

60 分钟 ×2

驯养指数

3 判断力
3 易驯养性
4 社会性、协调性
3 友好性
3 健康性
3 适合初学者

中型犬

人气排名

第**138**位

这是约 5000 年前生存在斯堪的纳维亚半岛的犬种，主要被用于狩猎大型的野鹿，所以在当地也被称为挪威猎鹿犬。现为挪威的国犬。

JKC 登记犬种

第**5**组

犬种编号
261

Hokkaido

北海道犬（阿依努犬）

能够适应残酷自然条件的勇敢猎犬

相关数据

身　　高	46~56cm
体　　重	20~30kg
价　　格	人民币 0.8 万 ~1.5 万元
原 产 地	日本（北海道）
性格特点	忠诚、耐性强、勇敢
易患疾病	皮肤病

中型犬

人气排名

第**139**位

耐寒性

清洁工具

运动量

30 分钟 ×2

驯养指数

- 判断力 3
- 社会性、协调性 4
- 健康性 4
- 适合初学者 3
- 友好性 2
- 易驯养性 3

它的祖先是由阿依努人从日本东北地区带到北海道地区，主要被用于狩猎野熊，所以也被称为阿依努犬。1937 年被指定为日本的天然纪念物。

第**2**组

犬种编号
92

Pyrenean Mastiff

比利牛斯獒犬

在比利牛斯山脉地区守护羊群的超大型犬

相关数据

身　　高	71~80cm
体　　重	55~75kg
价　　格	目前暂无定价
原 产 地	西班牙
性格特点	憨厚、重感情、顺从、忠诚
易患疾病	髋关节发育不全、皮肤病

大型犬

人气排名

第**140**位

耐寒性

清洁工具

运动量

60 分钟 ×2

驯养指数

- 判断力 4
- 社会性、协调性 3
- 健康性 3
- 适合初学者 2
- 友好性 4
- 易驯养性 4

这是比利牛斯山脉地区的土著犬种，在中世纪的时候就被人们所熟识。它分为长毛和短毛两种类型，主要被用于守护羊群，防止狼或者熊的入侵。

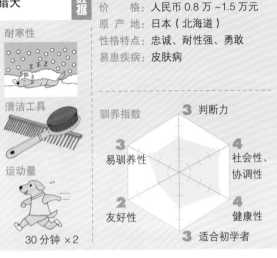
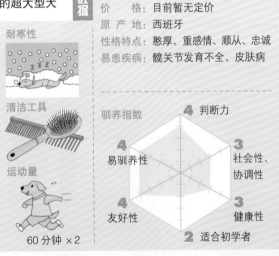

第 7 组

犬种编号
6

Gordon Setter

戈登雪达犬

原产自苏格兰的大型蹲猎犬

大型犬

人气排名

第 **141** 位

相关数据

身 高	雄性 61~69cm、雌性 58~66cm
体 重	雄性 25~36kg、雌性 20~32kg
价 格	人民币 1.1 万 ~1.9 万元
原 产 地	英国
性格特点	活泼、忠诚、好奇心强
易患疾病	髋关节发育不全、内分泌系统疾病、皮肤病

耐寒性

清洁工具

运动量

60 分钟 ×2

驯养指数

- 5 判断力
- 5 易驯养性
- 3 社会性、协调性
- 4 友好性
- 3 健康性
- 3 适合初学者

它的起源可以追溯到 17 世纪，是在 1820 年由戈登公爵培育出的犬种，之前被称为黑褐蹲猎犬。它是蹲猎犬中个头最大的一个，也是苏格兰地区唯一的猎鸟犬。

第 1 组

犬种编号
141

Pyrenean Sheepdog

比利牛斯牧羊犬

原产自法国的古老中型牧羊犬，又名莱布瑞特犬

中型犬

人气排名

第 **142** 位

相关数据

身 高	雄性 40~48cm、雌性 38~46cm
体 重	约 12kg
价 格	目前暂无定价
原 产 地	法国
性格特点	活泼、胆小
易患疾病	皮肤病

耐寒性

清洁工具

运动量

30 分钟 ×2

驯养指数

- 4 判断力
- 3 易驯养性
- 2 社会性、协调性
- 4 友好性
- 3 健康性
- 2 适合初学者

在平毛脸比利牛斯牧羊犬（参见 P119）之后，1921 年人们又培育出这种长毛的比利牛斯牧羊犬。1926 年，两者在法国境内一同获得认证，并参加了巴黎的犬展。

第 1 组

犬种编号 54

Kuvasz

库瓦兹犬

曾经用来狩猎野狼及狐狸的勇敢猎犬

大型犬

人气排名

第143位

相天数据

身	高：	雄性 71~75cm、雌性 66~70cm
体	重：	30~52kg
价	格：	目前暂无定价
原产地：		匈牙利
性格特点：		聪明、重感情
易患疾病：		皮肤病、关节炎

耐寒性

清洁工具

运动量

60 分钟 ×2

驯养指数

5 判断力

5 易驯养性

4 社会性、协调性

5 友好性

3 健康性

1 适合初学者

这个犬种的历史很长，可以追溯到 13 世纪，它最早跟随游牧民族一同进入匈牙利。在 1956 年匈牙利事件中被射杀无数，甚至濒临绝种，后来在爱犬人士的努力下又有所恢复。

第 2 组

犬种编号 328

Caucasian Shepherd Dog

高加索牧羊犬

活跃在高加索地区的牧羊犬

大型犬

人气排名

第144位

相天数据

身	高：	64~72cm
体	重：	45~70kg
价	格：	目前暂无定价
原产地：		俄罗斯
性格特点：		顺从、自负
易患疾病：		髋关节发育不全、皮肤病

耐寒性

清洁工具

运动量

60 分钟 ×2

驯养指数

4 判断力

3 易驯养性

2 社会性、协调性

1 友好性

3 健康性

1 适合初学者

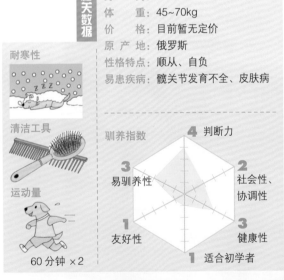

这是生活在高加索地区的犬种，古时候主要被用于守护羊群，防止狼的入侵。1970 年被引进德国，大受欢迎。它的被毛可以适应任何气候。

第 **8** 组

犬种编号
127

Sussex Spaniel

苏塞克斯猎犬

拥有美丽金色被毛的稀有犬种

中型犬

人气排名

第**145**位

相关数据

身　　高:	38~41cm	
体　　重:	18~23kg	
价　　格:	目前暂无定价	
原 产 地:	英国	
性格特点:	忠诚、憨厚、冷静	
易患疾病:	皮肤病、关节炎、椎间盘突出	

起源及历史	这是猎犬中比较古老的一个犬种，在 1795 年就被人们所熟识。第二次世界大战后仅存 8 只，后来又有所恢复，不过仍然是一个非常稀有的犬种。

JKC 登记犬种

驯养指数　　　4 判断力

4
易驯养性

3
社会性、协调性

4
友好性

3
健康性

3 适合初学者

耐寒性　　　运动量

30 分钟 ×2

个性鲜明的猎犬

　　作为猎犬，它的身体健壮、四肢矫健，擅长在树木繁茂的山林中帮助狩猎。

　　作为家庭犬，它非常友好，能够和小孩子、其他犬种及猫咪愉快相处。不过，毕竟它的本性还是猎犬，所以如果家中出现老鼠或野鸟，它也一定会去追赶。

　　它的记忆力很好，所以很容易训练。在健康方面，可能会患上肥胖症、椎间盘突出或者心脏病。它很贪吃，只要有食物就会不停地吃，所以要格外注意饮食与运动的平衡。

　　它的被毛非常柔软，不过也很容易打结，每天都需要梳理。梳理之后的被毛会呈现出金色的美丽光泽。

清洁工具

犬种编号 171

Ardennes Cattle Dog、Bouvier des Ardennes

阿登牧牛犬

原产自阿登地区的灭绝犬种

大型犬

相天数据		
身　高	雄性 62~68cm、雌性 59~65cm	
体　重	雄性 35~40kg、雌性 27~35kg	
价　格	目前暂无定价	
原产地	比利时	
性格特点	活泼、警惕性强	
易患疾病	无	

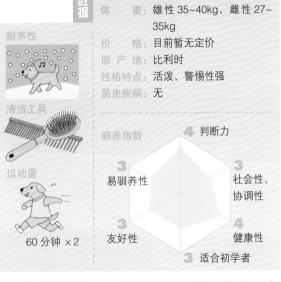

耐寒性

清洁工具

运动量　60 分钟 ×2

驯养指数

- 判断力 4
- 社会性、协调性 3
- 健康性
- 适合初学者 3
- 友好性 3
- 易驯养性 3

这个犬种在 1600 年就被用于看护和管理牛群。可惜的是，它在第一次世界大战的混乱局势中濒临绝种，后来在爱犬人士的努力下又有所恢复。

犬种编号 296

Collies Smooth

短毛柯利牧羊犬

奔跑能力得到强化的短毛柯利犬

大型犬

相天数据	
身　高	56~66cm
体　重	23~24kg
价　格	目前暂无定价
原产地	英国
性格特点	活泼、憨厚、警惕性强
易患疾病	皮肤病、眼疾、痢疾、心脏病

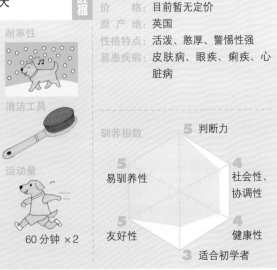

耐寒性

清洁工具

运动量　60 分钟 ×2

驯养指数

- 判断力 5
- 社会性、协调性 4
- 健康性 4
- 适合初学者 3
- 友好性 5
- 易驯养性 5

这个犬种的历史可以追溯到 19 世纪初。本来的用途是牧羊犬，偶尔也作为猎犬使用。后来又引进了灵缇犬（Geryhound）的血统，培育出这种短毛柯利犬。

第 1 组
犬种编号 223

Dutch Shepherd Dog
荷兰牧羊犬
荷兰境内最常见的牧羊犬

大型犬

相关数据

身　　高：	雄性 58~63cm、雌性 55~62cm	
体　　重：	29.5~30.5kg	
价　　格：	目前暂无定价	
原 产 地：	荷兰	
性格特点：	忠诚、友好	
易患疾病：	髋关节发育不全	

耐寒性

清洁工具

运动量
60 分钟 ×2

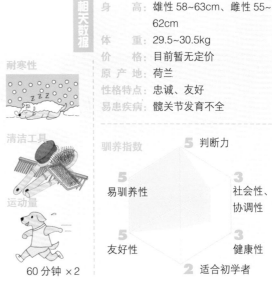

驯养指数
5 判断力
5 易驯养性
3 社会性、协调性
5 友好性
3 健康性
2 适合初学者

这是诞生于 19 世纪的牧羊犬。它是由比利时马利诺斯牧羊犬和德国牧羊犬交配而成，一直以来都没有向荷兰境外出口。在约 100 年前，按照被毛分为三种类型。

第 1 组
犬种编号 245

Bohemian Shepherd Dog
波西米亚牧羊犬
越来越活跃的波西米亚犬种

中型犬

相关数据

身　　高：	48~56cm	
体　　重：	16~25kg	
价　　格：	目前暂无定价	
原 产 地：	波西米亚、黑塞哥维那	
性格特点：	活泼	
易患疾病：	髋关节发育不全	

耐寒性

清洁工具

运动量
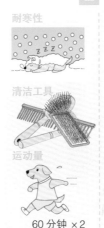
60 分钟 ×2

驯养指数
5 判断力
5 易驯养性
4 社会性、协调性
4 友好性
3 健康性
3 适合初学者

它的祖先是 1300 年时生长于波西米亚南部地区的牧羊犬。16 世纪的时候曾一度非常流行，因为动乱濒临绝种，后来在爱犬人士的努力下数量有所恢复，并得到了 FCI 的认证。

Slovakian Chuvach

第 **1** 组

犬种编号 142

斯洛伐克楚维卡犬

原产自斯洛伐克的纯白色大型犬

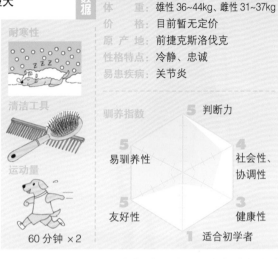

相关数据		
身 高：	雄性 62~70cm、雌性 59~65cm	
体 重：	雄性 36~44kg、雌性 31~37kg	
价 格：	目前暂无定价	
原产地：	前捷克斯洛伐克	
性格特点：	冷静、忠诚	
易患疾病：	关节炎	

耐寒性

清洁工具

运动量

60 分钟 ×2

驯养指数

判断力 5
社会性、协调性 4
健康性 3
适合初学者 1
友好性 5
易驯养性 5

大型犬

　　虽然在 17 世纪后半期就有关于这个犬种的文字记载，不过它后来却濒临灭绝。第二次世界大战后，在兽医的努力下，数量又开始恢复。1964 年确定了标准犬种并获得了 FCI 的认证。

Tatra Shepherd Dog

第 **1** 组

犬种编号 252

泰托拉牧羊犬

生长在泰托拉山脉地区的山地犬

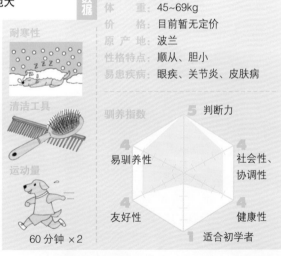

相关数据		
身 高：	雄性 65~70cm、雌性 60~65cm	
体 重：	45~69kg	
价 格：	目前暂无定价	
原产地：	波兰	
性格特点：	顺从、胆小	
易患疾病：	眼疾、关节炎、皮肤病	

耐寒性

清洁工具

运动量

60 分钟 ×2

驯养指数

判断力 5
社会性、协调性 4
健康性 1
适合初学者 1
友好性 4
易驯养性 4

大型犬

　　它和斯洛伐克楚维卡犬（Slovakian Chuvach）拥有同样的祖先，又名瓦可瑞克颇得兰尼撕犬。泰托拉是欧洲中部喀尔巴阡山脉最高的一座山峰。

Maremma and abruzzes Sheepdog

玛瑞玛安布卢斯牧羊犬

意大利托斯卡纳地区的牧羊犬

相关数据

身 高：	60~73cm	
体 重：	30~45kg	
价 格：	目前暂无定价	
原 产 地：	意大利	
性格特点：	憨厚、自负、顽固	
易患疾病：	关节炎、外耳炎	

大型犬

耐寒性

清洁工具

运动量

60 分钟 ×2

驯养指数

4 判断力

2 易驯养性

3 社会性、协调性

3 友好性

3 健康性

2 适合初学者

这是在 2000 年前就被发现的犬种，和比利牛斯山地犬（Pyrenean Mountain Dog）很相似。在意大利主要用于看守家畜，1872 年传入英国之后才被人们所熟识。

Catalan Sheepdog

加泰罗尼亚牧羊犬

加泰罗尼亚地区最常见的牧羊犬

相关数据

身 高：	雄性 47~55cm、雌性 45~53cm	
体 重：	雄性约 18kg、雌性约 16kg	
价 格：	目前暂无定价	
原 产 地：	西班牙	
性格特点：	活泼、聪明	
易患疾病：	关节炎、皮肤病	

中型犬

耐寒性

清洁工具

运动量

30 分钟 ×2

驯养指数

4 判断力

4 易驯养性

4 社会性、协调性

4 友好性

4 健康性

3 适合初学者

这是生长在西班牙北部加泰罗尼亚地区的古老犬种。在西班牙被称为加泰隆牧羊犬，是比利牛斯山脉地区的牧羊犬的后代。

第1组

犬种编号
326

South Russian Shepherd Dog

俄罗斯南部牧羊犬

俄罗斯南部地区最受欢迎的牧羊犬

大型犬

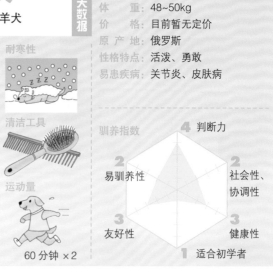

相关天数据		
身　高：	雄性约65cm、雌性约62cm	
体　重：	48~50kg	
价　格：	目前暂无定价	
原产地：	俄罗斯	
性格特点：	活泼、勇敢	
易患疾病：	关节炎、皮肤病	

耐寒性

清洁工具

运动量

60分钟×2

驯养指数

4 判断力
2 社会性、协调性
3 健康性
1 适合初学者
3 友好性
2 易驯养性

　　1797年，在乌克兰引进澳大利亚种羊的时候，也随之引进了小型的牧羊犬。可是，这种小型的牧羊犬很难抵御狼群的袭击，所以培育了这个犬种。它是俄罗斯最早得到 FCI 认证的犬种。

第1组

犬种编号
194

Bergamasco Shepherd Dog

贝加马斯卡牧羊犬

能够抵挡狼群攻击的独特被毛

大型犬

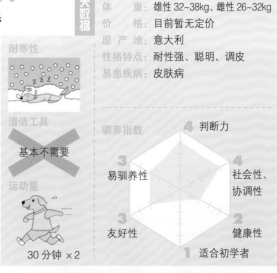

相关天数据		
身　高：	雄性60~62cm、雌性56~58cm	
体　重：	雄性32~38kg、雌性26~32kg	
价　格：	目前暂无定价	
原产地：	意大利	
性格特点：	耐性强、聪明、调皮	
易患疾病：	皮肤病	

耐寒性

清洁工具

基本不需要

运动量

30分钟×2

驯养指数

4 判断力
4 社会性、协调性
2 健康性
1 适合初学者
3 友好性
3 易驯养性

　　这个犬种是由腓尼基人带入意大利，后来在意大利北部大量繁殖，在当地被称为伯格马斯科犬，是以意大利北部一个村庄的名称来命名的。

Briard

伯瑞犬

拿破仑时代就有文字记载的法国犬种

大型犬

身	高：	57~69cm
体	重：	约34kg
价	格：	目前暂无定价
原产地：		法国
性格特点：		重感情
易患疾病：		髋关节发育不全、皮肤病、眼疾

耐寒性

清洁工具

运动量

60 分钟 ×2

驯养指数

3 判断力
3 易驯养性
3 社会性、协调性
4 友好性
3 健康性
3 适合初学者

这是法国境内最古老的犬种之一，在 8 世纪初的挂毯里曾有描绘，到了拿破仑时代饲养伯瑞犬是身份的象征。

Schapendoes

斯恰潘道斯犬

精通运动的荷兰犬种

中型犬

身	高：	40~51cm
体	重：	约 15kg
价	格：	目前暂无定价
原产地：		荷兰
性格特点：		聪明、顺从、重感情
易患疾病：		眼疾、皮肤病

耐寒性

清洁工具

运动量

30 分钟 ×2

驯养指数

5 判断力
4 易驯养性
4 社会性、协调性
4 友好性
3 健康性
4 适合初学者

此前一直认为这个犬种已经灭绝，1940 年在对荷兰境内的土著犬种进行分类的时候又发现了它的踪影，1968 年获得 FCI 认证。

JKC 未登记犬种

第 **1** 组

犬种编号 277

Croatian Sheepdog

克罗地亚牧羊犬

在克罗地亚境内都很难见到的稀有犬种

中型犬

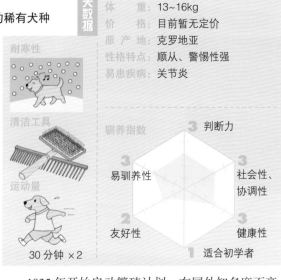

相关数据

身高	40~51cm
体重	13~16kg
价格	目前暂无定价
原产地	克罗地亚
性格特点	顺从、警惕性强
易患疾病	关节炎

耐寒性

清洁工具

运动量

30 分钟 ×2

驯养指数

判断力 3

社会性、协调性 3

健康性 3

适合初学者 1

友好性 2

易驯养性 3

1935 年开始启动繁殖计划，在国外知名度不高，即使在原产国克罗地亚境内也很少见。1969 年获得 FCI 的认证。

第 **1** 组

犬种编号 238

Mudi

牧迪犬

原产自匈牙利的优秀工作犬

中型犬

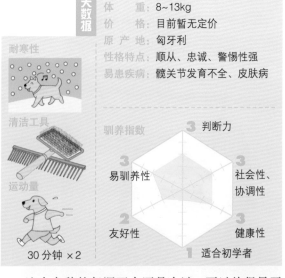

相关数据

身高	36~51cm
体重	8~13kg
价格	目前暂无定价
原产地	匈牙利
性格特点	顺从、忠诚、警惕性强
易患疾病	髋关节发育不全、皮肤病

耐寒性

清洁工具

运动量

30 分钟 ×2

驯养指数

判断力 3

社会性、协调性 3

健康性 3

适合初学者 1

友好性 2

易驯养性 3

这个犬种的起源至今还是个谜，不过从很早开始它就作为牧牛犬和看护犬被广泛使用。虽然 1936 年就得到了认证，却从来没有参加过犬展。据说与克罗地亚牧羊犬有很近的血缘关系。

Cao Fila de Sao Miguel

考迪菲勒得绍迈谷犬

生长在亚速尔群岛的牧牛犬

耐寒性

清洁工具

运动量

60 分钟 ×2

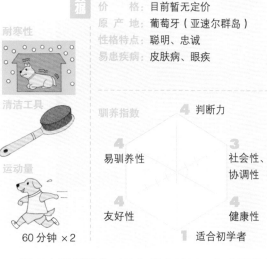

相关数据		
身体	高	雄性 50~60cm、雌性 48~58cm
	重	雄性 25~35kg、雌性 20~30kg
价	格	目前暂无定价
原产地		葡萄牙（亚速尔群岛）
性格特点		聪明、忠诚
易患疾病		皮肤病、眼疾

驯养指数

4 判断力

4 易驯养性

3 社会性、协调性

4 友好性

4 健康性

1 适合初学者

　　原产自葡萄牙的亚速尔群岛地区，与世隔绝的生存环境保证了它的纯正血统。最早是由航海家或移民者带入岛内，1800 年就已经存在。

Berger de Beauce

大型法国狼犬

文艺复兴时期就已经存在的法国牧羊犬，又名波什罗奇犬

耐寒性

清洁工具

运动量

60 分钟 ×2

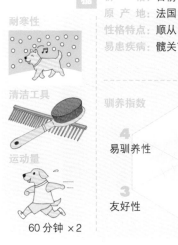

相关数据		
身体	高	61~70cm
	重	30~39kg
价	格	目前暂无定价
原产地		法国
性格特点		顺从、憨厚、重感情
易患疾病		髋关节发育不全、皮肤病

驯养指数

4 判断力

4 易驯养性

3 社会性、协调性

3 友好性

4 健康性

3 适合初学者

　　在 1587 年文艺复兴时期的书籍中就有相关的记载，足以证明它是一个历史悠久的犬种。1896 年正式更名为法国狼犬，并获得 FCI 的认证。

大型犬

大型犬

Belgian Shepherd Dog Laekenois

第 1 组

犬种编号 15

比利时拉坎诺斯牧羊犬

卷毛的比利时牧羊犬

大型犬

相关数据

身 高：	55~66cm
体 重：	27.5~28.5kg
价 格：	目前暂无定价
原产地：	比利时
性格特点：	聪明、警惕性强
易患疾病：	关节炎

耐寒性

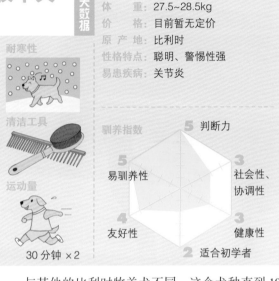

清洁工具

运动量

30 分钟 ×2

驯养指数

- 5 判断力
- 5 易驯养性
- 3 社会性、协调性
- 4 友好性
- 3 健康性
- 2 适合初学者

与其他的比利时牧羊犬不同，这个犬种直到 19 世纪才开始引起人们的注意。因为深受比利时亨利埃塔女王的喜爱，所以用她居住的拉坎宫来命名。

Saarlooswolfhond

第 1 组

犬种编号 311

萨卢斯狼犬

继承了狼的血统的野生犬种

大型犬

相关数据

身 高：	60~75cm
体 重：	36~41kg
价 格：	目前暂无定价
原产地：	荷兰
性格特点：	忠诚、重感情
易患疾病：	皮肤病、髋关节发育不全

耐寒性

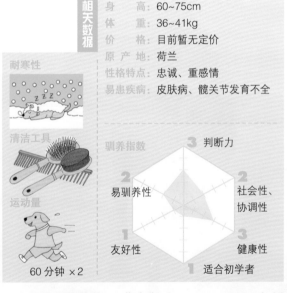

清洁工具

运动量

60 分钟 ×2

驯养指数

- 3 判断力
- 2 易驯养性
- 2 社会性、协调性
- 1 友好性
- 3 健康性
- 1 适合初学者

这是由里德特·萨卢斯（Leendert Saarloos）用狼和德国牧羊犬（German Shepherd Dog）交配而成的新犬种，为了纪念配种人，用他的名字来命名。1969 年在荷兰得到认证，1981 年得到 FCI 认证。

Czekoslovakian Wolfdog

捷克斯洛伐克狼犬

原产自捷克的狼犬

大型犬

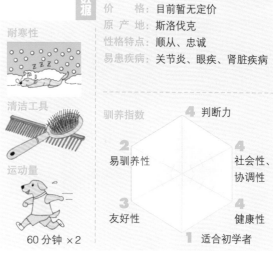

相关数据		
身　高：	雄性约65cm、雌性约60cm	
体　重：	雄性约26kg、雌性约20kg	
价　格：	目前暂无定价	
原产地：	斯洛伐克	
性格特点：	顺从、忠诚	
易患疾病：	关节炎、眼疾、肾脏疾病	

耐寒性

清洁工具

运动量

60 分钟 ×2

驯养指数

- 判断力 4
- 社会性、协调性 4
- 健康性 4
- 适合初学者 1
- 友好性 3
- 易驯养性 2

1955 年，爱犬人士希望将狼的凶猛与狗的忠诚相结合，所以开始在俄罗斯进行相关的培育计划。这个犬种就是在 1965 年时由雄性的狼和雌性的德国牧羊犬交配而成，因为出生地点在捷克斯洛伐克，所以以此来命名。

Pyrenean Sheepdog-smooth faced

平毛脸比利牛斯牧羊犬

又名莱布瑞特的法国牧羊犬

中型犬

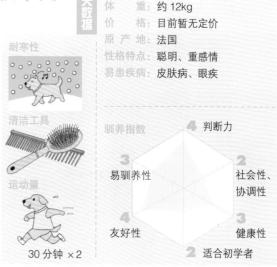

相关数据		
身　高：	雄性 40~54cm、雌性 40~52cm	
体　重：	约 12kg	
价　格：	目前暂无定价	
原产地：	法国	
性格特点：	聪明、重感情	
易患疾病：	皮肤病、眼疾	

耐寒性

清洁工具

运动量

30 分钟 ×2

驯养指数

- 判断力 4
- 社会性、协调性 2
- 健康性 3
- 适合初学者 2
- 友好性 4
- 易驯养性 3

关于它的起源没有详细的记载，不过人们都承认它是法国最古老的犬种之一。在 1893 年关于比利牛斯牧羊犬（Pyrenean Sheepdog）的会议中也有关于这个犬种的记录。

JKC 未登记犬种

第 1 组

犬种编号 176

Picard Sheepdog
皮卡第牧羊犬

原产自法国皮卡第地区的牧羊犬，又名伯格德皮卡第犬

大型犬

相关数据

身　高：	55~66cm
体　重：	23~32kg
价　格：	目前暂无定价
原产地：	法国
性格特点：	忠诚、冷静
易患疾病：	髋关节发育不全、眼疾

耐寒性

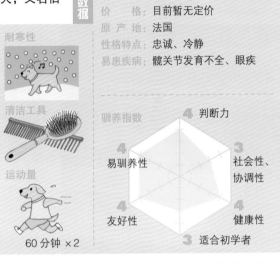

清洁工具

运动量

60 分钟 ×2

驯养指数

- 判断力 4
- 社会性、协调性 3
- 健康性 4
- 适合初学者 3
- 友好性 4
- 易驯养性 4

这个犬种起源于 9 世纪，是法国牧羊犬中最古老的犬种之一。1863 年参加犬展，并没有得到很大的反响。因为原产自皮卡第地区，所以由此得名。

第 1 组

犬种编号 93

Portuguese Sheepdog
葡萄牙牧羊犬

面部像猴子的葡萄牙犬种，又名考达瑟地亚斯犬

中型犬

相关数据

身　高：	41~56cm
体　重：	12~18kg
价　格：	目前暂无定价
原产地：	葡萄牙
性格特点：	忠诚、警惕性强
易患疾病：	皮肤病、眼疾

耐寒性

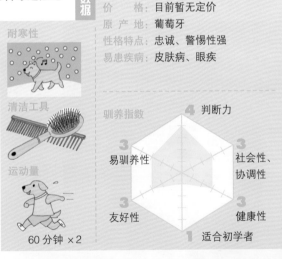

清洁工具

运动量

60 分钟 ×2

驯养指数

- 判断力 4
- 社会性、协调性 3
- 健康性 3
- 适合初学者 1
- 友好性 3
- 易驯养性 3

大约 100 年之前，这个犬种出现在葡萄牙南部地区，被作为牧羊犬使用。不过在葡萄牙国内外都不是很知名，1970 年甚至濒临绝种。后来在爱犬人士的努力下数量又有所恢复。

犬种编号
349

Rumanian Sheepdogs
罗马尼亚牧羊犬
长毛的罗马尼亚牧羊犬

大型犬

身　　高：雄性 70~75cm、雌性 65~70cm
体　　重：约 45kg
价　　格：目前暂无定价
原 产 地：罗马尼亚
性格特点：警惕性强、对主人非常忠诚
易患疾病：皮肤病、眼疾

驯养指数

4 判断力

3 易驯养性

4 社会性、协调性

3 友好性

3 健康性

2 适合初学者

这个犬种的故乡是罗马尼亚的喀尔巴阡山脉，由当地的几个土著犬种交配而成并繁衍到今天。1981 年在罗马尼亚得到认证，2002 年 2 月得到 FCI 的认证。

耐寒性　　清洁工具　　运动量

60 分钟 ×2

犬种编号
91

Spanish Mastiff
西班牙獒犬
敢于和狼群搏斗的牧羊犬

大型犬

身　　高：72~82cm
体　　重：55~70kg
价　　格：目前暂无定价
原 产 地：西班牙
性格特点：憨厚、顺从、勇敢
易患疾病：关节炎

驯养指数

3 判断力

3 易驯养性

3 社会性、协调性

2 友好性

3 健康性

2 适合初学者

和其他的獒犬一样，它也是在约 2000 年前被引进西班牙，关于它的起源没有详细的记载，不过在原产地西班牙，一直是被用于看护农场里的家畜。

耐寒性　　清洁工具　　运动量

60 分钟 ×2

JKC 未登记犬种

Brasilian Mastiff
巴西獒犬

第 **2** 组

犬种编号 225

被称为菲勒布瑞斯莱亚犬的巴西凶猛犬种

大型犬

相关数据

身	高：	65~75cm
体	重：	41~50kg
价	格：	目前暂无定价
原产地：		巴西
性格特点：		顺从、警惕性强
易患疾病：		胃痉挛、髋关节发育不全

耐寒性

清洁工具

运动量

60 分钟 ×2

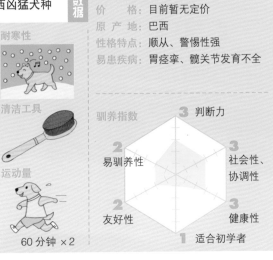

驯养指数

判断力 3
社会性、协调性 3
健康性 3
适合初学者 1
友好性 2
易驯养性 2

　　15 世纪由英国獒犬（English Mastiff）、寻血犬（Blooddog）、斗牛犬（Bulldog）等交配而成，在当地被称为菲勒布瑞斯莱亚犬，后来引进巴西。它要求主人有较强的犬类饲养能力。

Tibetan Mastiff
西藏獒犬

第 **2** 组

犬种编号 230

原产自中国西藏的长毛獒犬

大型犬

相关数据

身	高：	61~71cm
体	重：	64~82kg
价	格：	目前暂无定价
原产地：		中国西藏地区
性格特点：		重感情、慈厚、警惕性强
易患疾病：		髋关节发育不全、眼睑异常、皮肤病

耐寒性

清洁工具

运动量

60 分钟 ×2

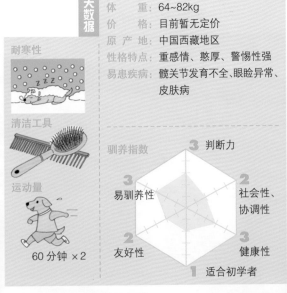

驯养指数

判断力 3
社会性、协调性 2
健康性 3
适合初学者 1
友好性 2
易驯养性 3

　　这是全世界獒犬的始祖，在三千多年前就生长于中国的西藏地区，后来被亚历山大大帝带回欧洲并繁衍出其他的犬种。

Broholmer

布罗荷马獒犬

原产自丹麦的性格温和的獒犬

相关数据		
身　高	雄性约75cm、雌性约70cm	
体　重	50~60kg	
价　格	目前暂无定价	
原产地	丹麦	
性格特点	友好	
易患疾病	皮肤病	

耐寒性

清洁工具

运动量

60分钟 ×2

驯养指数

```
判断力         4
易驯养性       3
友好性         5
社会性、协调性  4
健康性         4
适合初学者     1
```

大型犬

人们在1500年的绘画作品中发现了它的祖先，于是在1850年按照史料培育出了这个犬种。为了纪念这个行为，人们用它的诞生地——布罗荷马作为犬种名称。

Anatolian Shepherd Dog

安纳托利亚牧羊犬

公元前就生存在土耳其境内的大型工作犬

相关数据		
身　高	约81cm	
体　重	约65kg	
价　格	目前暂无定价	
原产地	土耳其	
性格特点	聪明、顺从、警惕性强	
易患疾病	髋关节发育不全、皮肤病	

耐寒性

清洁工具

运动量

60分钟 ×2

驯养指数

```
判断力         5
易驯养性       5
友好性         3
社会性、协调性  4
健康性         5
适合初学者     2
```

大型犬

这个犬种的历史很长，在公元前1800年土耳其的书籍中就有相关的记载。虽然过了好几个世纪，不过它的样子仍然没有改变，而且一直被用于看守家畜。1950年被引进美国，非常受欢迎。

JKC 未登记犬种

第2组

犬种编号
249

Majorca Mastiff

马略卡獒犬

又名科达布犬

大型犬

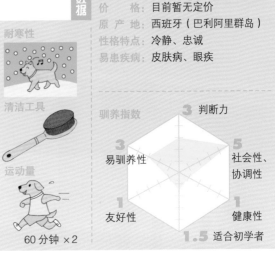

相天数据		
身　高	雄性 55~58cm、雌性 52~55cm	
体　重	雄性 35~38kg、雌性 30~34kg	
价　格	目前暂无定价	
原产地	西班牙（巴利阿里群岛）	
性格特点	冷静、忠诚	
易患疾病	皮肤病、眼疾	

耐寒性

清洁工具

运动量

60 分钟 ×2

驯养指数

判断力 3
社会性、协调性 5
健康性 1
适合初学者 1.5
友好性 1
易驯养性 3

这个犬种于 1230 年左右在巴利阿里群岛附近发现，后来被用作斗犬和农场的工作犬。1964 年获得 FCI 认证。

第2组

犬种编号
170

Castro Laboreiro Dog

卡斯特罗拉博雷罗犬

葡萄牙人引以为荣的勇敢犬种

大型犬

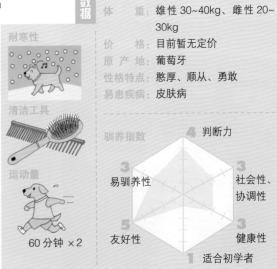

相天数据		
身　高	雄性 55~60cm、雌性 52~57cm	
体　重	雄性 30~40kg、雌性 20~30kg	
价　格	目前暂无定价	
原产地	葡萄牙	
性格特点	憨厚、顺从、勇敢	
易患疾病	皮肤病	

耐寒性

清洁工具

运动量

60 分钟 ×2

驯养指数

判断力 4
社会性、协调性 3
健康性 3
适合初学者 1
友好性 5
易驯养性 3

这是伊比利亚半岛最古老的犬种之一，卡斯特罗拉博雷罗是葡萄牙北部山脉地区的一个村庄的名字。这是葡萄牙人引以为荣的犬种。

第2组

犬种编号
346

Dogo Canario

加纳利犬

原产自加纳利群岛的斗犬

大型犬

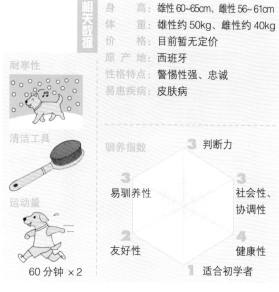

相天数据		
身 高：	雄性 60~65cm、雌性 56~61cm
体 重：	雄性约 50kg、雌性约 40kg
价 格：	目前暂无定价
原产地：	西班牙
性格特点：	警惕性强、忠诚
易患疾病：	皮肤病

耐寒性

清洁工具

运动量

60 分钟 ×2

驯养指数

判断力 3
社会性、协调性 3
健康性 4
适合初学者 1
友好性 2
易驯养性 3

它是由英国獒犬（English Mastiff）与已经绝种的摩洛哥大型犬种交配而成，1800 年作为斗犬在加纳利群岛大量培育，后来，随着斗犬禁令的颁布数量逐渐减少。

第2组

犬种编号
335

Central Asian Shepherd Dog

中亚牧羊犬

敢于和狼群搏斗的中亚地区牧羊犬

大型犬

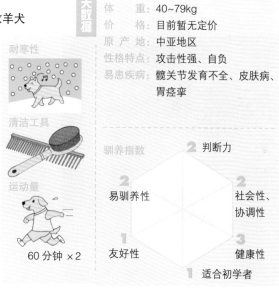

相天数据		
身 高：	60~78cm
体 重：	40~79kg
价 格：	目前暂无定价
原产地：	中亚地区
性格特点：	攻击性强、自负
易患疾病：	髋关节发育不全、皮肤病、胃痉挛

耐寒性

清洁工具

运动量

60 分钟 ×2

驯养指数

判断力 2
社会性、协调性 2
健康性 3
适合初学者 1
友好性 1
易驯养性 2

它的祖先是六千多年前生长在高原地区的大型獒犬，后来随着时间的推移和生存环境的变化，它已经不再留有獒犬的痕迹，不过勇敢搏斗的精神却一直延续下来。

JKC 未登记犬种

Alentejo Mastiff

第 2 组

犬种编号 96

阿兰多獒犬

原产自葡萄牙的值得信赖的看家犬，又名葡萄牙守卫犬

大型犬

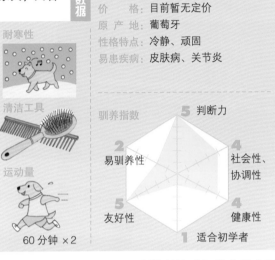

相关数据

身 高：	雄性 66~74cm、雌性 64~70cm	
体 重：	雄性 45~55kg、雌性 40~50kg	
价 格：	目前暂无定价	
原产地：	葡萄牙	
性格特点：	冷静、顽固	
易患疾病：	皮肤病、关节炎	

耐寒性

清洁工具

运动量

60 分钟 ×2

驯养指数

- 判断力 5
- 社会性、协调性 4
- 健康性 4
- 适合初学者 1
- 友好性 5
- 易驯养性 2

这个犬种的起源可以追溯到几千年前生长在西藏地区的巨型獒犬。后来随着罗马人进入欧洲，并形成了自己独特的体貌特征。它能够帮助主人看护农场里的家畜，防止其天敌入侵。

Serra da Estrela Mountain Dog

第 2 组

犬种编号 173

埃什特雷拉山地犬

在欧洲又被称为卡奥达赛拉达埃什特雷拉犬（Cao da Serra da Estrela）

大型犬

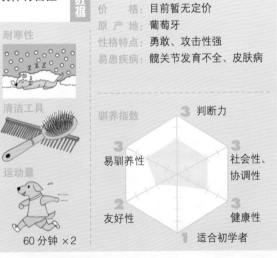

相关数据

身 高：	62~72cm
体 重：	30~50kg
价 格：	目前暂无定价
原产地：	葡萄牙
性格特点：	勇敢、攻击性强
易患疾病：	髋关节发育不全、皮肤病

耐寒性

清洁工具

运动量

60 分钟 ×2

驯养指数

- 判断力 3
- 社会性、协调性 3
- 健康性 3
- 适合初学者 1
- 友好性 2
- 易驯养性 3

这是起源于葡萄牙埃什特雷拉（Estrela）山脉地区的古老犬种，直到今天仍然被用于守护羊群，防止狼的入侵。它有长毛和平毛两种类型，都能够抵御严寒气候。

Karst Shepherd Dog

第 **2** 组
犬种编号
278

卡斯特牧羊犬

健壮有力的牧羊犬

大型犬

相关数据

身 高	约60cm
体 重	约40kg
价 格	目前暂无定价
原产地	前南斯拉夫
性格特点	警惕性强、勇敢
易患疾病	髋关节发育不全、皮肤病

耐寒性

清洁工具

运动量

60分钟×2

驯养指数

4 判断力
3 社会性、协调性
4 健康性
1 适合初学者
2 友好性
3 易驯养性

这是一个古老的犬种，它的历史可以追溯到 1689 年，与萨普兰尼那克犬（Sarplaninac）是同一祖先。它的身体健壮，能够忍受恶劣的气候或饮食条件。

Hovawart

第 **2** 组
犬种编号
190

霍夫瓦尔特犬

欧洲最受欢迎的大型犬种

大型犬

相关数据

身 高	55~70cm
体 重	25~40kg
价 格	目前暂无定价
原产地	德国
性格特点	憨厚、顺从
易患疾病	髋关节发育不全、皮肤病、甲状腺疾病

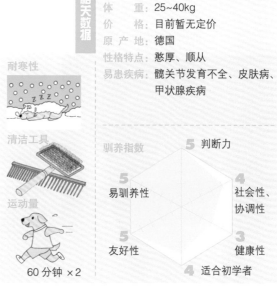

耐寒性

清洁工具

运动量

60分钟×2

驯养指数

5 判断力
4 社会性、协调性
3 健康性
4 适合初学者
5 友好性
5 易驯养性

它在中世纪的时候是在农场中作为看家犬，到 1920 年才逐渐演变成现在的外形。一直到现在，它在德国仍然是非常活跃的工作犬，被毛颜色有黑色、金色、黑棕色三种。

第2组

犬种编号 226

Landseer

兰西尔犬

保持幼犬般性格的大型犬种

大型犬

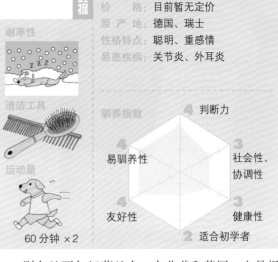

相关数据

身　高	66~72cm
体　重	50~60kg
价　格	目前暂无定价
原产地	德国、瑞士
性格特点	聪明、重感情
易患疾病	关节炎、外耳炎

耐寒性

清洁工具

运动量

60 分钟 ×2

驯养指数

判断力 4
社会性、协调性 3
健康性 3
适合初学者 2
友好性 4
易驯养性 4

别名兰西尔纽芬兰犬。在北美和英国，它是根据纽芬兰犬被毛颜色的变异来分类，不过在 FCI 已经得到了独立的认证。

第2组

犬种编号 327

Black Terrier

俄罗斯黑梗犬

在俄罗斯境内承担多项用途的大型梗犬

大型犬

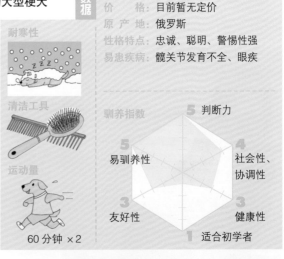

相关数据

身　高	63~75cm
体　重	40~65kg
价　格	目前暂无定价
原产地	俄罗斯
性格特点	忠诚、聪明、警惕性强
易患疾病	髋关节发育不全、眼疾

耐寒性

清洁工具

运动量

60 分钟 ×2

驯养指数

判断力 5
社会性、协调性 4
健康性 3
适合初学者 1
友好性 3
易驯养性 5

它是用万能梗犬（Airedale Terrier）、罗威纳犬（Rottweiler）、巨型雪纳瑞犬（Giant Schnauzer）等交配而成，曾经作为军用犬。1981 年在原苏联时期就已经获得认证，现在仍然承担着警犬、搜救犬、海关检查犬等重要角色。

Greater Swiss Mountain Dog

大瑞士山地犬

以鲜明的被毛颜色为主要特征的大型山地犬

相天数据		
身 体	高：60~70cm	
	重：59~61kg	
价 格：目前暂无定价		
原 产 地：瑞士		
性格特点：友好、忠诚、警惕性强		
易患疾病：髋关节发育不全、皮肤病		

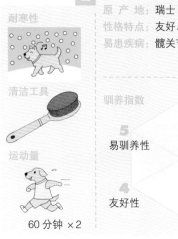

耐寒性

清洁工具

运动量
60 分钟 ×2

驯养指数

5 判断力

5 易驯养性

4 社会性、协调性

4 友好性

4 健康性

2 适合初学者

此前一直认为这个犬种已经灭绝，幸运的是在1908 年又再次发现它的踪迹。1939 年在瑞士境内得到认证，后来又获得 FCI 的独立犬种认证。

Entlebuch Cattle Dog

恩特雷布赫牧牛犬

在当地被称为瑞士山地犬

中型犬

相天数据		
身 体	高：雄性 44~50cm、雌性 42~48cm	
	重：25~30kg	
价 格：目前暂无定价		
原 产 地：瑞士		
性格特点：聪明、友好		
易患疾病：皮肤病、关节炎		

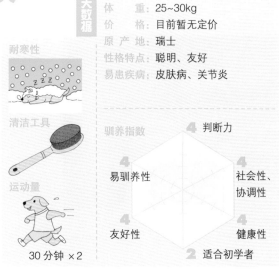

耐寒性

清洁工具

运动量
30 分钟 ×2

驯养指数

4 判断力

4 易驯养性

4 社会性、协调性

4 友好性

4 健康性

2 适合初学者

恩特雷布赫是瑞士的一个地名，瑞士山地犬中大型犬占绝大多数，这个犬种是在 1800 年培育出的中型犬。在当地又被称为瑞士山地犬。

第**2**组
犬种编号
46

Appenzell Cattle Dog

阿彭策尔牧牛犬

现在瑞典境内最活跃的中型牧牛犬

大型犬

相关数据

身	高：	48~58cm
体	重：	25~32kg
价	格：	目前暂无定价
原产地：		瑞士
性格特点：		顺从、调皮、活泼
易患疾病：		关节炎、皮肤病

耐寒性

清洁工具

运动量 30分钟×2

驯养指数
判断力 4
社会性、协调性 3
健康性 4
适合初学者 1
友好性 2
易驯养性 4

它在 19 世纪后半期才被人们所熟识，也是从那时开始有了关于它的文字记载。不过直到今天，它仍然是瑞典境内最活跃的牧牛犬。

第**2**组
犬种编号
64

German Pinscher

德国宾莎犬

性格略微粗暴、大胆

中型犬

相关数据

身	高：	45~50cm
体	重：	11~16kg
价	格：	目前暂无定价
原产地：		德国
性格特点：		友好、顺从
易患疾病：		关节炎、皮肤病

耐寒性

清洁工具

运动量 30分钟×2

驯养指数
判断力 3
社会性、协调性 3
健康性 4
适合初学者 2
友好性 4
易驯养性 3

德国宾莎犬的数量很少，在 1956 年实施繁殖计划后才得以延续下来。它是农场中捕捉老鼠的高手，与雪纳瑞犬（Schnauzer）有血缘关系。

Austrian short-haired Pinscher

澳大利亚短毛宾莎犬

在澳大利亚之外很难见到的稀有犬种

中型犬

身	高：	35~50cm
体	重：	12~16kg
价	格：	目前暂无定价
原产地：		澳大利亚
性格特点：		活泼、警惕性强
易患疾病：		关节炎、皮肤病

耐寒性

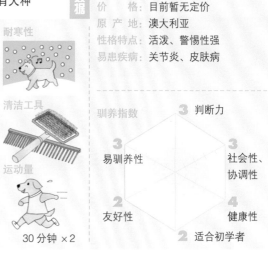

清洁工具

运动量

30 分钟 ×2

驯养指数

```
            3 判断力
    3                    3
 易驯养性              社会性、
                      协调性
    2                    4
 友好性                健康性
            2 适合初学者
```

它的祖先是古时候农民饲养的普通犬种，1928年在澳大利亚境内得到认证。第二次世界大战后曾濒临绝种，后来通过繁殖计划又有所恢复。

Aidi

艾迪犬

生长在阿特拉斯山脉的山地犬

大型犬

身	高：	53~63.5cm
体	重：	约25kg
价	格：	目前暂无定价
原产地：		摩洛哥
性格特点：		重感情、勇敢
易患疾病：		皮肤病、关节炎

耐寒性

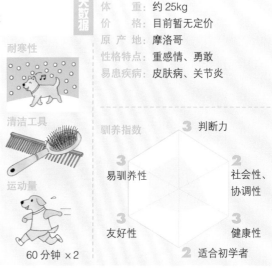

清洁工具

运动量

60 分钟 ×2

驯养指数

```
            3 判断力
    3                    2
 易驯养性              社会性、
                      协调性
    3                    3
 友好性                健康性
            2 适合初学者
```

又名阿特拉斯牧羊犬，起源于摩洛哥至阿尔及利亚的山区。在 1963 年被认证为牧羊犬，但它其实不是牧羊犬，所以到 1969 年又取消了认证。

第 2 组

犬种编号 278

Sarplaninac
萨普尼那克犬
起源于原南斯拉夫地区的牧羊犬

大型犬

相天数据

身 高：	56~61cm
体 重：	25~37kg
价 格：	目前暂无定价
原产地：	前南斯拉夫
性格特点：	安静、警惕性强
易患疾病：	关节炎、皮肤病

耐寒性

清洁工具

运动量

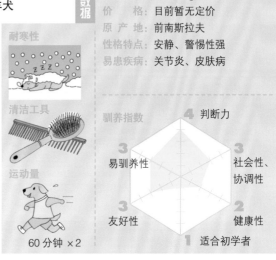

60 分钟 ×2

驯养指数

4 判断力
3 社会性、协调性
2 健康性
1 适合初学者
3 易驯养性
3 友好性

　　马其顿共和国因为世界滑雪大赛而闻名，这个犬种就生长在那里。关于它的起源没有详细的记载，不过普遍认为它是随着亚洲移民进入欧洲，1939 年在原南斯拉夫得到认证。

第 3 组

犬种编号 12

Fox Terrier (Smooth)
猎狐梗犬（短毛）
不知疲惫的优秀梗犬代表

小型犬

相天数据

身 高：	约 39cm
体 重：	7~8kg
价 格：	目前暂无定价
原产地：	英国
性格特点：	顺从、重感情、攻击性强
易患疾病：	关节炎、皮肤病

耐寒性

清洁工具

运动量

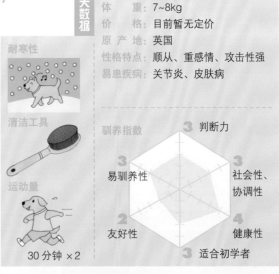

30 分钟 ×2

驯养指数

3 判断力
3 社会性、协调性
4 健康性
3 适合初学者
3 易驯养性
2 友好性

　　它的祖先是帕尔森罗塞尔梗犬（Parson Russell Terrier），16 世纪在英国就已经出现，用于狩猎狐狸、獾或野猪。它的肌肉结实，行动迅速，不过稍欠智谋。

第 **3** 组

犬种编号
40

Irish Soft Coated Wheaten Terrier

爱尔兰软毛麦色梗犬

爱尔兰地区最古老的梗犬

中型犬

相关数据

身　　高：	46~48cm
体　　重：	16~20kg
价　　格：	目前暂无定价
原 产 地：	爱尔兰
性格特点：	活泼、顺从
易患疾病：	眼疾、关节炎

耐寒性

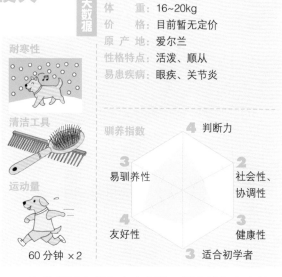

清洁工具

运动量

60 分钟 ×2

驯养指数

- 4 判断力
- 3 易驯养性
- 2 社会性、协调性
- 4 友好性
- 3 健康性
- 3 适合初学者

　　19 世纪时出现在农户家里，用来捕捉老鼠等小动物。1937 年在爱尔兰得到认证，1943 年在英国得到认证。

第 **3** 组

犬种编号
75

Skye Terrier

斯凯梗犬

黑色毛绒玩具般的长毛梗犬

小型犬

相关数据

身　　高：	雄性约 26cm、雌性约 24cm
体　　重：	8.5~10.5kg
价　　格：	目前暂无定价
原 产 地：	英国（苏格兰地区）
性格特点：	警惕性强、调皮
易患疾病：	消化系统疾病、皮肤病

耐寒性

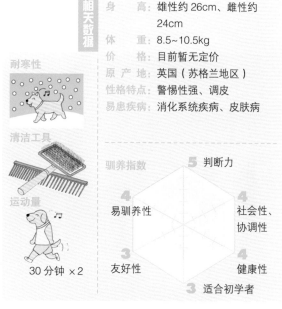

清洁工具

运动量

30 分钟 ×2

驯养指数

- 5 判断力
- 4 易驯养性
- 4 社会性、协调性
- 3 友好性
- 4 健康性
- 3 适合初学者

　　它的祖先是西班牙的白色长毛犬种，在 16 世纪的书籍中就有关于它的文字记载。它生长在苏格兰西北部的斯凯岛地区，用来狩猎獾或水獭。

第 3 组

犬种编号
71

Manchester Terrier

曼彻斯特梗犬

身材健壮、反应机敏、行动迅速

小型犬

相关数据

身　高：38~41cm
体　重：5~10kg
价　格：目前暂无定价
原产地：英国
性格特点：冷静、活泼、重感情
易患疾病：皮肤病、关节炎

耐寒性

清洁工具

运动量

30 分钟 ×2

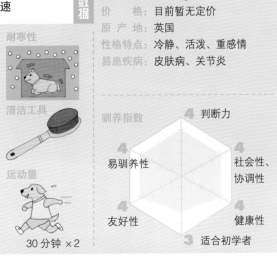

驯养指数

判断力 4
社会性、协调性 4
健康性 4
适合初学者 3
友好性 4
易驯养性 4

　　1800 年在英国由短毛柯利牧羊犬（Collies Smooth）和惠比特犬（Whippet）交配而成，也有用兰开夏赫勒犬（Lancashier Heeler）来交配的情况。

第 3 组

犬种编号
236

Australian Silky Terrier

澳洲丝毛梗犬

拥有丝绸般魅力长毛的小型梗犬

小型犬

相关数据

身　高：22.5~23.5cm
体　重：4~5kg
价　格：目前暂无定价
原产地：澳大利亚
性格特点：好奇心强、活泼、调皮、攻击性强
易患疾病：关节炎、气管塌陷、糖尿病、脑积水

耐寒性

清洁工具

运动量

10 分钟 ×2

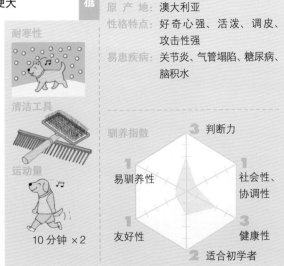

驯养指数

判断力 3
社会性、协调性 1
健康性 3
适合初学者 2
友好性 1
易驯养性 1

　　19 世纪末由澳大利亚梗犬（Australian Terrier）和约克夏梗犬（Yorkshire Terrier）交配而成，外形和约克夏梗犬非常相似，不过这个犬种要稍大一些。

Irish Glen of Imaal Terrier
爱尔兰艾莫劳峡谷梗犬
头部被毛柔软可爱的爱尔兰梗犬

第 **3** 组
犬种编号
302

身　　高：	35.5~36.5cm
体　　重：	15.5~16.5kg
价　　格：	目前暂无定价
原 产 地：	爱尔兰
性格特点：	重感情
易患疾病：	椎间盘突出

中型犬

驯养指数

4 判断力

3 易驯养性　　　　4 社会性、协调性

3 友好性　　　　　3 健康性

4 适合初学者

在 1575 年的书籍中就有关于它的记载，它主要用于狩猎獾、狐狸、水獭等，过去还曾经作为斗犬，是以爱尔兰的艾莫劳峡谷来命名。

耐寒性　　　　清洁工具　　　　运动量

30 分钟 ×2

JKC 未登记犬种

Cesky Terrier
捷克梗犬
梗犬中因为性格温和而受人欢迎的一个犬种

第 **3** 组
犬种编号
246

身　　高：	约30cm
体　　重：	约9kg
价　　格：	目前暂无定价
原 产 地：	前捷克斯洛伐克
性格特点：	憨厚、重感情
易患疾病：	椎间盘突出、眼疾、过敏

耐寒性

清洁工具

运动量

30 分钟 ×2

驯养指数

4 判断力

4 易驯养性　　　　4 社会性、协调性

4 友好性　　　　　3 健康性

4 适合初学者

小型犬

它由著名的苏格兰梗犬（Scottish Terrier）和锡利哈姆梗犬（Sealyham Terrier）养殖专家、原捷克斯洛伐克遗传学家哈拉克博士在 1949 年用上述两种梗犬交配而成，1963 年获得认证，因为性格温和而深受人们的喜爱。

第3组

犬种编号
341

Brazilion Terrier

巴西梗犬

生于欧洲长于巴西的梗犬

小型犬

相天数据		
身 高：	雄性 34~40cm、雌性 33~38cm	
体 重：	7~9kg（最重 10kg）	
价 格：	目前暂无定价	
原产地：	巴西	
性格特点：	活泼、调皮、聪明	
易患疾病：	皮肤病、关节炎	

耐寒性

清洁工具

运动量

30 分钟 ×2

驯养指数

3 判断力
3 社会性、协调性
4 健康性
1 适合初学者
4 友好性
2 易驯养性

　　这个犬种并不是起源于巴西，而是在 19 世纪时起源于欧洲。它的祖先是杰克罗素梗犬（Jack Russell Terrier），后来又加入了宾莎犬（Pinscher）和吉娃娃犬（Chihuahua）的血统，但它在巴西的历史也已经超过 100 年。

第3组

犬种编号
103

German Hunting Terrier

德国狩猎梗犬

具有卓越狩猎能力的多才猎犬

小型犬

相天数据		
身 高：	约 40cm	
体 重：	9~10kg	
价 格：	目前暂无定价	
原产地：	德国	
性格特点：	耐性强、自负、忠诚、攻击性强	
易患疾病：	皮肤病、关节炎	

耐寒性

清洁工具

运动量

30 分钟 ×2

驯养指数

4 判断力
2 社会性、协调性
3 健康性
2 适合初学者
2 友好性
3 易驯养性

　　这是 1800 年在德国拜恩地区培育出来的犬种，是用猎狐梗犬（Fox Terrier）和黑褐猎浣熊犬（Black and tan Coonhound）交配而成，是一种多才能的猎犬，深受人们的喜爱。

Pharaoh Hound

第 **5** 组

犬种编号
248

法老王猎犬

在古埃及的法老坟墓中能够见到它的身影

相关数据

身　高：	雄性 58~64cm、雌性 53~61cm
体　重：	20~25kg
价　格：	目前暂无定价
原 产 地：	马耳他岛
性格特点：	憨厚、重感情、警惕性强
易患疾病：	皮肤病

耐寒性

清洁工具

运动量

60 分钟 ×2

驯养指数

- 4 判断力
- 4 易驯养性
- 3 社会性、协调性
- 4 友好性
- 4 健康性
- 2 适合初学者

大型犬

　　在约 5000 年前的埃及法老的坟墓中发现了它的踪影。它在约 2000 年时随着贸易商人进入马耳他岛，海岛相对隔离的环境确保了它的纯正血统。

JKC 未登记犬种

Cirneco dell'Etna

第 **5** 组

犬种编号
199

艾特拉科尼克猎犬

原产自西西里岛的具有动感美的古老犬种

相关数据

身　高：	42~50cm
体　重：	8~12kg
价　格：	目前暂无定价
原 产 地：	意大利
性格特点：	活泼、重感情
易患疾病：	皮肤病、关节炎

驯养指数

- 3 判断力
- 4 易驯养性
- 4 社会性、协调性
- 3 友好性
- 3 健康性
- 1 适合初学者

中型犬

　　这个犬种原产自意大利西西里岛的埃特纳山区，是随着腓尼基人来到这里，据说是法老王猎犬的后代。在起伏的山区，人们用它来狩猎野兔或者野鸡、鹬鸪。

耐寒性　　　清洁工具　　　运动量

60 分钟 ×2

147

第 5 组

Canarian Hound

加纳利猎犬

犬种编号 329

起源于西班牙加纳利群岛的猎犬，又名加纳利沃伦猎犬

大型犬

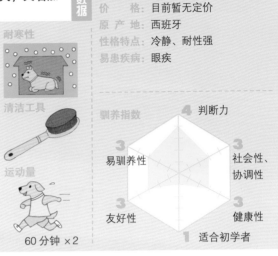

相关数据

身　高：	雄性 55~64cm、雌性 53~60cm
体　重：	20~25kg
价　格：	目前暂无定价
原产地：	西班牙
性格特点：	冷静、耐性强
易患疾病：	眼疾

耐寒性

清洁工具

运动量

60 分钟 ×2

驯养指数

- 判断力 4
- 社会性、协调性 3
- 健康性 3
- 适合初学者 1
- 友好性 3
- 易驯养性 3

　　这个犬种应该是古时候随腓尼基人、希腊人、迦太基人、埃及人进入加纳利群岛，它应该起源于埃及，与法老王猎犬（Pharaoh Hound）拥有相同的祖先。

第 5 组

Ibizan Hound

依比沙猎犬

犬种编号 89

具有野性美，又名巴利阿里猎犬

大型犬

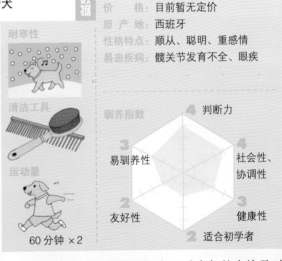

相关数据

身　高：	56~74cm
体　重：	19~25kg
价　格：	目前暂无定价
原产地：	西班牙
性格特点：	顺从、聪明、重感情
易患疾病：	髋关节发育不全、眼疾

耐寒性

清洁工具

运动量

60 分钟 ×2

驯养指数

- 判断力 4
- 社会性、协调性 4
- 健康性 3
- 适合初学者 2
- 友好性 2
- 易驯养性 3

　　它的历史可以追溯到距今五千多年的古埃及时代。在 8 世纪，它随着腓尼基人一同进入西班牙巴利阿里群岛，并一直繁衍到现在，是法老王猎犬（Pharaoh Hound）的后代。

第 5 组

犬种编号 310

Peruvian Hairless Dog

秘鲁无毛犬

起源于印加帝国时代的古代犬种

大型犬　中型犬　小型犬

相关数据		
身　高：	小型犬 25~40cm、中型犬 40~50cm、大型犬 50~65cm	
体　重：	小型犬 4~8kg、中型犬 8~12kg、大型犬 12~25kg	
价　格：	目前暂无定价	
原产地：	秘鲁	
性格特点：	聪明、重感情、警惕性强	
易患疾病：	皮肤病	

耐寒性

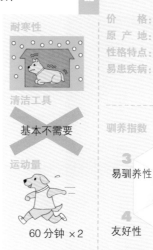

清洁工具

基本不需要

运动量

60 分钟 ×2

驯养指数

3 判断力

3 易驯养性

3 社会性、协调性

4 友好性

1 健康性

1 适合初学者

无毛犬起源于公元前 300 年到公元 1400 年，这个犬种曾经是印加帝国的圣犬。它有大中小三个型号，不过犬种编号相同。

第 5 组

犬种编号 234

Mexican Hairless Dog

墨西哥无毛犬

阿兹特克族人曾用它来帮助看护病人

小型犬

相关数据	
身　高：	30~38cm
体　重：	6~10kg
价　格：	目前暂无定价
原产地：	墨西哥
性格特点：	重感情、活泼、冷静
易患疾病：	关节炎、皮肤病

耐寒性

清洁工具

基本不需要

运动量

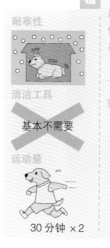

30 分钟 ×2

驯养指数

4 判断力

4 易驯养性

4 社会性、协调性

4 友好性

2 健康性

2 适合初学者

这个犬种与生活在公元 1500 年前的阿兹特克民族有密切的联系。由于它的体温较高，所以可以用来帮助温暖病人的身体，特别是关节炎的患者。

Norrbotten Spets

第5组

犬种编号
276

诺波丹狐狸犬

起源于瑞典的勇敢猎犬，又名诺波特尼斯贝克犬

中型犬

相关数据

身　高：	41~43cm
体　重：	12~15kg
价　格：	目前暂无定价
原产地：	瑞典
性格特点：	憨厚、友好、耐性强、勇敢、活泼
易患疾病：	皮肤病

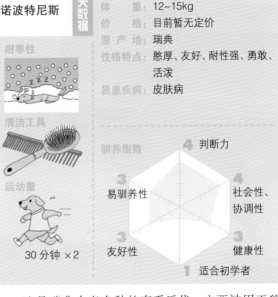

耐寒性

清洁工具

运动量

30 分钟 ×2

驯养指数

判断力 4
易驯养性 3
社会性、协调性 4
友好性 3
健康性 3
适合初学者 1

　　这是瑞典古老犬种的直系后代，主要被用于狩猎野兔。在 20 世纪初曾濒临绝种，后来在爱犬人士的努力之下又活跃起来。

Russian-European Laika

第5组

犬种编号
304

欧式俄国莱卡犬

拥有特别吠声的中型莱卡犬

中型犬

相关数据

身　高：	雄性 52~58cm、雌性 50~56cm
体　重：	20~23kg
价　格：	目前暂无定价
原产地：	俄罗斯
性格特点：	顺从、重感情
易患疾病：	皮肤病

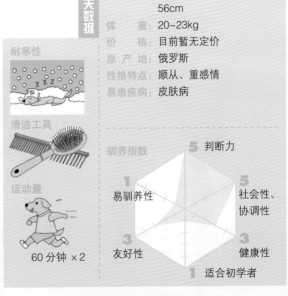

耐寒性

清洁工具

运动量

60 分钟 ×2

驯养指数

判断力 5
易驯养性 1
社会性、协调性 5
友好性 3
健康性 3
适合初学者 1

　　这是用俄罗斯比较常见的几种莱卡犬杂交而成的中型莱卡犬，直到 1960 年才确立为标准的犬种。

第5组
犬种编号
48

Karelian Bear Dog

卡累利亚熊犬

擅长猎熊的勇敢犬种

大型犬

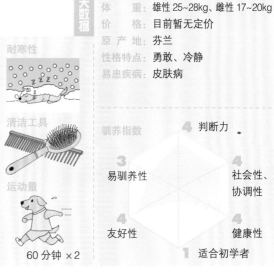

相关数据		
身 高：	雄性 57~60cm、雌性 52~55cm	
体 重：	雄性 25~28kg、雌性 17~20kg	
价 格：	目前暂无定价	
原 产 地：	芬兰	
性格特点：	勇敢、冷静	
易患疾病：	皮肤病	

耐寒性

清洁工具

运动量
60 分钟 ×2

驯养指数

判断力 4
易驯养性 3
社会性、协调性 4
友好性 4
健康性 4
适合初学者 1

卡累利亚是芬兰与俄罗斯交界的地区，这个犬种主要是帮助人们狩猎黑熊。日本的轻井泽地区也经常有熊出没，所以很多人也饲养这个犬种。

第5组
犬种编号
305

East Siberian Laika

东西伯利亚莱卡犬

活跃在俄罗斯边境地区的狩猎犬

大型犬

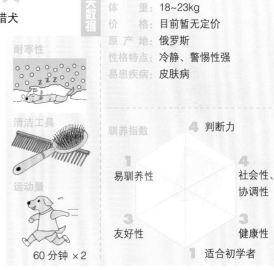

相关数据		
身 高：	56~64cm	
体 重：	18~23kg	
价 格：	目前暂无定价	
原 产 地：	俄罗斯	
性格特点：	冷静、警惕性强	
易患疾病：	皮肤病	

耐寒性

清洁工具

运动量
60 分钟 ×2

驯养指数

判断力 4
易驯养性 1
社会性、协调性 4
友好性 2
健康性 3
适合初学者 1

它是由像狼一样的狐狸犬和俄罗斯的土著犬交配而成，主要用于狩猎野鹿和熊、浣熊等大型动物。被毛颜色有黑色、灰色、茶色等几种。

JKC 未登记犬种

West Siberian Laika
第5组
犬种编号 306
西西伯利亚莱卡犬
莱卡犬中最受欢迎的一个犬种

中型犬

相天数据

身 高	53~61cm
体 重	18~23kg
价 格	目前暂无定价
原 产 地	俄罗斯
性格特点	冷静、友好
易患疾病	皮肤病

耐寒性

清洁工具

运动量
60 分钟 ×2

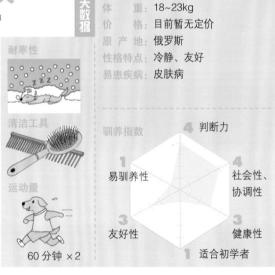

驯养指数
判断力 4
社会性、协调性 4
健康性 3
适合初学者 1
友好性 3
易驯养性 1

　　这是最常见的一种莱卡犬，起源于西西伯利亚地区，过去主要被用于狩猎野猪、麋鹿、猞猁等大型动物。因为运动能力很强，所以需要加大运动量。

Lapinporokoira
第5组
犬种编号 284
拉宾波罗柯拉犬
勇敢的拉普兰德驯鹿犬

中型犬

相天数据

身 高	48~56cm
体 重	27~30kg
价 格	目前暂无定价
原 产 地	芬兰
性格特点	冷静、忠诚
易患疾病	皮肤病、关节炎

耐寒性

清洁工具

运动量
60 分钟 ×2

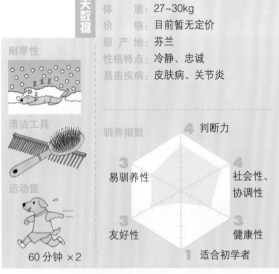

驯养指数
判断力 4
社会性、协调性 4
健康性 3
适合初学者 1
友好性 3
易驯养性 3

　　在芬兰、挪威、瑞典、俄罗斯等古代拉普人居住的地区，它被用于保护驯鹿以防狩猎熊、狼等大型动物袭击。1966 年确定为标准的犬种。

第 5 组
犬种编号 14

Swedish Vallhund

瑞典瓦汉德犬

瑞典最常见的牧牛犬，又名瑞典柯基犬

中型犬

相关数据

身体	高	33~40cm
	重	11~15kg
价	格	目前暂无定价
原产地		瑞典
性格特点		顺从、重感情
易患疾病		椎间盘突出、皮肤病

耐寒性

清洁工具

运动量

30 分钟 ×2

驯养指数

- 4 判断力
- 3 易驯养性
- 3 社会性、协调性
- 3 友好性
- 3 健康性
- 4 适合初学者

这个犬种在 1000 年之前就被瑞典人所熟识。1940 年曾一度濒临绝种，后来通过繁殖计划，数量又开始增加，1943 年获得认证。

第 5 组
犬种编号 189

Finnish Lapphund

芬兰拉普猎犬

用于驯鹿的芬兰犬种，又名芬兰驯鹿犬

中型犬

相关数据

身体	高	46~52cm
	重	20~21kg
价	格	目前暂无定价
原产地		芬兰
性格特点		警惕性强、顺从
易患疾病		皮肤病

耐寒性

清洁工具

运动量

60 分钟 ×2

驯养指数

- 4 判断力
- 5 易驯养性
- 4 社会性、协调性
- 4 友好性
- 4 健康性
- 4 适合初学者

它的祖先是居住在北极附近的拉普人所饲养的犬种。随着拉普人向芬兰移民，它也被命名为芬兰拉普猎犬。主要用于保护驯鹿，有时也会参与驯养家畜的工作。

JKC 未登记犬种

第 **5** 组
犬种编号 49

Finnish Spitz
芬兰狐狸犬
芬兰境内最受欢迎的家庭犬

中型犬

相关数据

身 高：	38~50cm	
体 重：	14~16kg	
价 格：	目前暂无定价	
原产地：	芬兰	
性格特点：	重感情、害怕孤独	
易患疾病：	皮肤病	

耐寒性

清洁工具

运动量
30 分钟 ×2

驯养指数

判断力 3
社会性、协调性 3
健康性 4
适合初学者 2
友好性 3
易驯养性 3

这是古时候就生长于西班牙北部地区的犬种。在中世纪的时候被人们发现，不过到 1582 年才开始有文字的记载。过去被用来狩猎黑熊等大型哺乳动物。

第 **5** 组
犬种编号 42

Swedish Elkhound
瑞典猎鹿犬
欧洲北部最大的猎犬，现在已经成为瑞典的国犬

大型犬

相关数据

身 高：	58~64cm	
体 重：	29.5~30.5kg	
价 格：	目前暂无定价	
原产地：	瑞典	
性格特点：	友好、勇敢、警惕性强	
易患疾病：	皮肤病、关节炎	

驯养指数

判断力 4
社会性、协调性 4
健康性 3
适合初学者 1
友好性 5
易驯养性 3

这是起源于斯堪的纳维亚山脉地区的古老犬种，主要用于狩猎麋鹿，又名耶姆特猎犬。

耐寒性 　　清洁工具 　　运动量

60 分钟 ×2

Icelandic Sheepdog
冰岛牧羊犬
从狩猎犬转变为牧羊犬的冰岛土著犬种

中型犬

相天数据

身　　高：雄性约 46cm、雌性约 42cm
体　　重：9~14kg
价　　格：目前暂无定价
原 产 地：冰岛
性格特点：友好、活泼
易患疾病：皮肤病

耐寒性

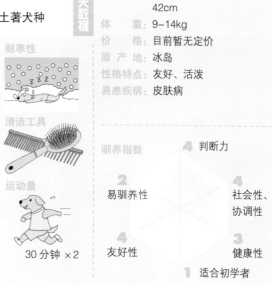

清洁工具

运动量

30 分钟 ×2

驯养指数

判断力　4
社会性、协调性　4
健康性　3
适合初学者　1
友好性　4
易驯养性　2

JKC 未登记犬种

　　这是冰岛境内唯一的土著犬种，在公元 874 年到 930 年，随着海盗进入冰岛，最初是作为狩猎犬，后来又用于看护家畜等。

Greenland Dog
格陵兰犬
从严峻的生存环境中脱颖而出的爱斯基摩犬

大型犬

相天数据

身　　高：雄性约 60cm、雌性约 55cm
体　　重：30~32kg
价　　格：目前暂无定价
原 产 地：格陵兰岛
性格特点：友好、活泼
易患疾病：皮肤病

耐寒性

清洁工具

运动量

60 分钟 ×2

驯养指数

判断力　4
社会性、协调性　5
健康性　4
适合初学者　1
友好性　5
易驯养性　3

　　这是世界上最古老的犬种之一，在古代被用于狩猎，与爱斯基摩人的生活密切相关。在严峻的生存环境中繁衍到今天的格陵兰犬，具有非同寻常的持久耐力。

第 **5** 组

犬种编号 237

Norwegian Buhund

挪威布哈德犬

布哈德犬的祖先

中型犬

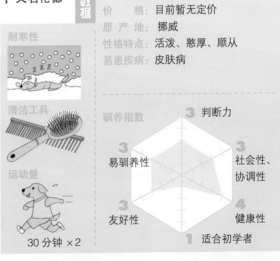

相天数据

身　　高：	41~46cm
体　　重：	约18kg
价　　格：	目前暂无定价
原产地：	挪威
性格特点：	聪明、友好
易患疾病：	皮肤病

耐寒性

清洁工具

运动量

30 分钟 ×2

驯养指数

判断力 4
社会性、协调性 3
健康性 4
适合初学者 2
友好性 3
易驯养性 4

它是现代布哈德犬的祖先，最早随着海盗四处旅行，并当做牧羊犬来饲养。1920 年首次参加犬展，1939 年才得到正式的认证。

第 **5** 组

犬种编号 265

Norwegian Lundehund

挪威卢德杭犬

拥有结实肌肉的海鹦狩猎能手，又名伦德猎犬

小型犬

相天数据

身　　高：	约38cm
体　　重：	约7kg
价　　格：	目前暂无定价
原产地：	挪威
性格特点：	活泼、憨厚、顺从
易患疾病：	皮肤病

耐寒性

清洁工具

运动量

30 分钟 ×2

驯养指数

判断力 3
社会性、协调性 3
健康性 4
适合初学者 1
友好性 3
易驯养性 3

这个犬种的历史很长，可以追溯到冰河时代。1432 年就被渔民所发现和利用。从 400 年前它就开始攀上悬崖或穿过石缝帮助人们去捕捉海鹦。

Canaan Dog

迦南犬

第 **5** 组

犬种编号 273

在原产地以色列境内非常受欢迎

大型犬

相关数据

	身　高：48~61cm
	体　重：16~25kg
	价　格：目前暂无定价
	原产地：以色列
	性格特点：警惕性强、攻击性强
	易患疾病：关节炎、皮肤病

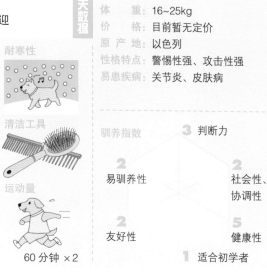

耐寒性

清洁工具

运动量

60 分钟 ×2

驯养指数

3 判断力

2 易驯养性

2 社会性、协调性

2 友好性

5 健康性

1 适合初学者

它的祖先是过去生长在以色列地区的野生猎犬，后来作为家庭犬饲养。它在以色列境内非常受欢迎，1930 年还为它启动了专门的繁殖计划。被毛颜色的种类很丰富。

Eurasian

欧亚大陆犬

第 **5** 组

犬种编号 291

深受孩子们喜爱的德国犬种，又名猎狼松狮犬

中型犬

相关数据

	身　高：45~56cm
	体　重：20~32kg
	价　格：目前暂无定价
	原产地：德国
	性格特点：警惕性强、重感情
	易患疾病：皮肤病、髋关节发育不全

耐寒性

清洁工具

运动量

30 分钟 ×2

驯养指数

4 判断力

3 易驯养性

3 社会性、协调性

3 友好性

4 健康性

2 适合初学者

在 1960 年由德国猎狼狐狸犬（German Wolf Spitz）和松狮犬（Chow Chow）交配而成，后来又引进萨摩耶犬（Samoyed）等血统，在 1973 年获得认证，是德国最新获得认证的犬种。

JKC 未登记犬种

Portuguese Warren Hound

葡萄牙波登哥犬

有三种身高类型的葡萄牙犬种，又名葡萄牙猎犬

小型犬
中型犬

身　高：	小型犬 20~31cm；中型犬 39~56cm
体　重：	小型犬 4~6kg；中型犬 16~20kg
价　格：	目前暂无定价
原产地：	葡萄牙
性格特点：	活泼、憨厚、重感情
易患疾病：	关节炎

驯养指数
判断力 3
易驯养性 3
社会性、协调性 4
友好性 3
健康性 4
适合初学者 4

　　它应该是起源于古埃及的猎犬，因为在古埃及的美术作品中有相关的素材。这是葡萄牙境内唯一的小型猎犬，用于猎取野兔或老鼠。

耐寒性

清洁工具

运动量

10~60 分钟 ×2

Volpino Italiano

意大利狐狸犬

在意大利也很少见的纯白色狐狸犬

小型犬

身　高：	27~30cm
体　重：	4~5kg
价　格：	目前暂无定价
原产地：	意大利
性格特点：	活泼、调皮
易患疾病：	皮肤病

耐寒性

清洁工具

运动量

30 分钟 ×2

驯养指数
判断力 3
易驯养性 3
社会性、协调性 3
友好性 4
健康性 3
适合初学者 4

　　这个犬种的历史很长，据说它深受古罗马人的喜爱。不过近年来数量不断减少，即使在原产地意大利都很难见到。从外观上看和德国狐狸犬（German Spitz）比较相似。

German Spitz
德国狐狸犬
吠声高亢的德国狐狸犬

小型犬
中型犬
大型犬

相天数据

身　高	：小型犬 23~29cm；中型犬 30~38cm；大型犬 40.5~41.5cm
体　重	：小型犬 5~8kg；中型犬约 11kg；大型犬 17.5~18.5kg
价　格	：目前暂无定价
原产地	：德国
性格特点	：顺从、警惕性强
易患疾病	：皮肤病

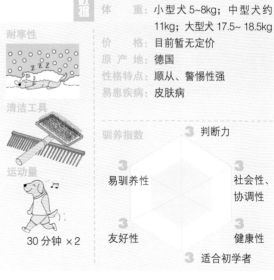

耐寒性

清洁工具

运动量

30 分钟 ×2

驯养指数

3 判断力
3 易驯养性
3 社会性、协调性
3 友好性
3 健康性
3 适合初学者

德国狐狸犬的祖先是挪威的犬种，后来随着海盗传到欧洲。在 1450 年的德国文学作品中已有关于它的描述。

Swedish Lapphund
瑞典拉普猎犬
有一种说法认为它是所有狐狸犬的祖先

中型犬

相天数据

身　高	：雄性 45~51cm、雌性 40~46cm
体　重	：19~21kg
价　格	：目前暂无定价
原产地	：瑞典
性格特点	：憨厚、勇敢、警惕性强
易患疾病	：皮肤病

驯养指数

4 判断力
3 易驯养性
4 社会性、协调性
4 友好性
3 健康性
2 适合初学者

这个犬种与芬兰发现的 7000 年前的犬化石非常相似，所以普遍认为它是起源于那里。不过，还有一种观点认为它是狐狸犬的祖先。

耐寒性　　清洁工具　　运动量

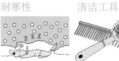

30 分钟 ×2

第 5 组
犬种编号 334

Korea Jindo Dog

韩国金刀犬
据推测可能是日本犬的祖先

中型犬

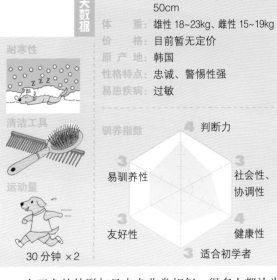

相关数据	
身　　高：	雄性 50~55cm、雌性 45~50cm
体　　重：	雄性 18~23kg、雌性 15~19kg
价　　格：	目前暂无定价
原 产 地：	韩国
性格特点：	忠诚、警惕性强
易患疾病：	过敏

耐寒性

清洁工具

运动量
30 分钟 ×2

驯养指数
判断力 4
社会性、协调性 3
健康性 4
适合初学者 3
友好性
易驯养性 3

　　金刀犬的外形与日本犬非常相似，很多人都认为日本犬是它的后代。关于这个问题没有明确的记载，不过至少可以确定它们有着相同的祖先。

第 6 组
犬种编号 21

Petit Gascon Saintongeois

小加斯科尼圣东基犬
小型的加斯科尼圣东基犬

中型犬

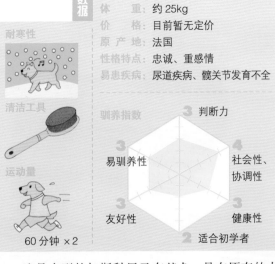

相关数据	
身　　高：	雄性 52~60cm、雌性 50~56cm
体　　重：	约 25kg
价　　格：	目前暂无定价
原 产 地：	法国
性格特点：	忠诚、重感情
易患疾病：	尿道疾病、髋关节发育不全

耐寒性

清洁工具

运动量
60 分钟 ×2

驯养指数
判断力 3
社会性、协调性 4
健康性 3
适合初学者 2
友好性 3
易驯养性 3

　　这是小型的加斯科尼圣东基犬，是在原有的大型犬基础上与小型犬种进行交配而成。它诞生于 20 世纪前半期，用于猎取野兔等小动物。

Ariegeois

阿里埃日犬

嗅觉灵敏的万能猎犬

中型犬

身　　高：	雄性 52~58cm、雌性 52~56cm
体　　重：	约 30kg
价　　格：	目前暂无定价
原产地：	法国
性格特点：	优雅、稳重
易患疾病：	髋关节发育不全

耐寒性

清洁工具

运动量

60 分钟 ×2

驯养指数

判断力 3
社会性、协调性 5
健康性 3
适合初学者 2
友好性 3
易驯养性 3

　　它是用法国南部的阿里埃日地区来命名。1900年由蓝加斯科涅犬（Bleu de Gascogne）衍生而来，第二次世界大战后曾一度濒临绝种。后来在爱犬人士的努力下才得以延续到现在。

Anglos-Francaises de Petite Venerie

英法小猎犬

原产自法国的小型猎犬

中型犬

身　　高：	48~56cm
体　　重：	16~20kg
价　　格：	目前暂无定价
原产地：	法国
性格特点：	友好、顺从
易患疾病：	耳疾、皮肤病

耐寒性

清洁工具

运动量

60 分钟 ×2

驯养指数

判断力 3
社会性、协调性 4
健康性 3
适合初学者 3
友好性 4
易驯养性 3

　　由大哈利犬（Beagle-Harrier）、猎兔犬（Beagle）、瓷器犬（Porcelaine）等交配而成，主要的用途是猎取野兔等小动物。直到 1978 年才作为小型的猎犬，正式确定为标准的犬种。

JKC 未登记犬种

Great Gascon Saintongeois

大加斯科涅圣东基犬

深受贵族喜爱的猎犬

大型犬

相关数据

身　　高：	雄性 65~72cm、雌性 62~68cm
体　　重：	30~32kg
价　　格：	目前暂无定价
原 产 地：	法国
性格特点：	理性、重感情
易患疾病：	髋关节发育不全

驯养指数

判断力 4
社会性、协调性
易驯养性 4
健康性 3
友好性 3
适合初学者 2

19 世纪的时候，为了振兴数量不断减少的加斯科涅圣东基犬，用大蓝加斯科涅犬和圣东基犬交配而成，交配后生出的小型犬被称为小型加斯科涅圣东基犬。

耐寒性 　　清洁工具 　　运动量

60 分钟 × 2

Grand Griffon Vendeen

大格里芬旺代犬

后劲不足的猎犬

大型犬

相关数据

身　　高：	60~66cm
体　　重：	30~35kg
价　　格：	目前暂无定价
原 产 地：	法国
性格特点：	非常活泼
易患疾病：	皮肤病

驯养指数

判断力 3
社会性、协调性 3
易驯养性 3
健康性 2
友好性 3
适合初学者 2

这个犬种的历史可以追溯到 15 世纪，当时关于王室的文字记载中就有对格里芬的解释。曾经也被称为大旺代格里芬犬。

耐寒性　　清洁工具 　　运动量

60 分钟 × 2

Griffon nivernais

格里芬尼韦奈犬

第 6 组
犬种编号 17

粗毛的古代犬种

大型犬

相关数据

身　　高：	53~64cm	
体　　重：	23~25kg	
价　　格：	目前暂无定价	
原 产 地：	法国	
性格特点：	非常顽固	
易患疾病：	皮肤病、眼疾	

驯养指数

- 判断力 3
- 社会性、协调性 3
- 健康性 2
- 适合初学者 2
- 友好性 2
- 易驯养性 2

法国境内最古老的犬种之一，它的祖先于1200 年左右诞生于法国巴黎南部的尼韦奈地区。当时也被称为尼韦奈长卷毛猎犬。

耐寒性 　清洁工具 　运动量

60 分钟 ×2

Griffon bleu de Gascogne

格里芬加斯科涅小蓝犬

第 6 组
犬种编号 32

粗毛的加斯科涅猎犬

中型犬

相关数据

耐寒性

清洁工具

运动量

30 分钟 ×2

身　　高：	雄性 50~57cm、雌性 48~55cm	
体　　重：	18~20kg	
价　　格：	目前暂无定价	
原 产 地：	法国	
性格特点：	非常活泼但性急	
易患疾病：	皮肤病、眼疾	

驯养指数

- 判断力 4
- 社会性、协调性 4
- 健康性 3
- 适合初学者 3
- 友好性 4
- 易驯养性 4

1700 年在比利牛斯地区由法国硬毛指示犬（French Rauh-haired Pointing Dog）和加斯科涅小蓝犬（Small Blue Gascony Hound）交配而成。曾一度濒临绝种。后来在爱犬人士的努力下，才得以延续到现在。

163

Harrier

哈利犬

第6组

犬种编号
295

英国最古老的猎狐犬

相天数据

身　高	48~53cm
体　重	18~27kg
价　格	目前暂无定价
原 产 地	英国
性格特点	活泼、调皮、好动
易患疾病	皮肤病、耳疾

中型犬

驯养指数

判断力 3

易驯养性 3

社会性、协调性 5

友好性 4

健康性 3

适合初学者 3

它一直是优秀的猎兔犬和猎狐犬，在原产地英国非常受欢迎。它的历史很长，最早可以追溯到1260年。不过也曾遇到过绝种的危机，后来与英国猎狐犬交配后才得以延续到现在。

耐寒性　　　清洁工具　　　运动量

30 分钟 ×2

Beagle-Harrier

大哈利犬

第6组

犬种编号
290

大型的猎兔犬

相天数据

身　高	38~50cm
体　重	13~22kg
价　格	目前暂无定价
原 产 地	法国
性格特点	优雅、活泼
易患疾病	皮肤病、耳疾

中型犬

耐寒性

清洁工具

运动量

30 分钟 ×2

驯养指数

判断力 3

易驯养性 3

社会性、协调性 4

友好性 4

健康性 3

适合初学者 4

它的整体感觉就像是加长版的比格猎兔犬（Beagle）。这是 1800 年诞生的新犬种，在 1974 年获得 FCI 认证，不过在法国境外一直属于稀有犬种。

JKC 未登记犬种

164

Briquet Griffon Vendeen

中型格里芬狩猎犬

第二次世界大战的牺牲者

中型犬

耐寒性

清洁工具

运动量

30 分钟 ×2

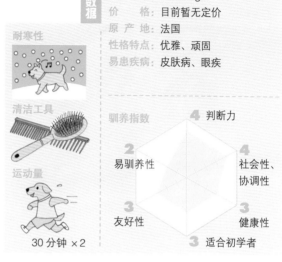

相关数据

身 高	：50~55cm	
体 重	：22~24kg	
价 格	：目前暂无定价	
原 产 地	：法国	
性格特点	：优雅、顽固	
易患疾病	：皮肤病、眼疾	

驯养指数

4 判断力
2 易驯养性
4 社会性、协调性
3 友好性
3 健康性
3 适合初学者

　　这是中型的格里芬狩猎犬，虽然它的历史很长，不过也曾一度濒临绝种。后来在爱犬人士的努力下，从 1946 年开始数量又有所恢复。

Poitevin

普瓦图犬

能够捕捉野狼的法国大型猎犬

大型犬

相关数据

身 高	：雄性 62~72cm、雌性 60~70cm	
体 重	：约 30kg	
价 格	：目前暂无定价	
原 产 地	：法国	
性格特点	：非常勇敢	
易患疾病	：皮肤病、髋关节发育不全	

驯养指数

4 判断力
4 易驯养性
4 社会性、协调性
3 友好性
3 健康性
2 适合初学者

　　1600 年，在法国西部的普瓦图地区经常会有野狼出没。为了捕捉这些野狼，人们用英国的灵缇犬和爱尔兰蹲猎犬交配，产生了这个犬种。

耐寒性　　　清洁工具　　　运动量

60 分钟 ×2

第 **6** 组
犬种编号 31

Small Gascony Hound
小加斯科涅猎犬
狩猎小型动物的能手，又名小蓝加斯科涅猎犬

中型犬

相天数据

身　　高	50~60cm
体　　重	18~22kg
价　　格	目前暂无定价
原产地	法国
性格特点	活泼、友好
易患疾病	耳疾、关节炎

驯养指数

- 判断力 4
- 社会性、协调性 4
- 健康性 3
- 适合初学者 3
- 友好性 5
- 易驯养性 3

耐寒性　　清洁工具　　运动量

30 分钟 ×2

　　与用于狩猎大型动物的大加斯科涅猎犬相比，这种犬种更多的是用于狩猎野兔等小型动物。它是用大加斯科涅猎犬和其他小犬型交配而成。

第 **6** 组
犬种编号 22

Great Gascony Hound
大加斯科涅猎犬
法国最古老的猎犬，又名大蓝加斯科涅猎犬

相天数据

身　　高	62~72cm
体　　重	32~35kg
价　　格	目前暂无定价
原产地	法国
性格特点	勇敢、顺从、重感情
易患疾病	皮肤病、髋关节发育不全

耐寒性

清洁工具

运动量

大型犬

60 分钟 ×2

驯养指数

- 判断力 3
- 社会性、协调性 3
- 健康性 3
- 适合初学者 1
- 友好性 3
- 易驯养性 3

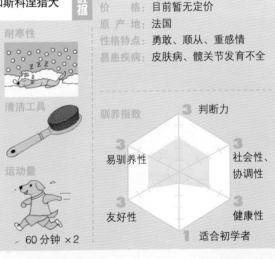

　　人们经常利用它敏锐的嗅觉去寻找野狼或野猪的踪迹。现在它的用途也主要是捕捉野兔、狐狸和野鹿。这是法国猎犬中历史最长的一个犬种。

Istrian short-haired Hound
依斯特拉短毛猎犬
克罗地亚境内最受欢迎的猎犬

中型犬

相关数据

身 高：	44~56cm
体 重：	14~20kg
价 格：	目前暂无定价
原产地：	克罗地亚
性格特点：	忠诚、冷静
易患疾病：	关节炎

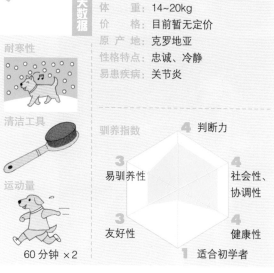

耐寒性

清洁工具

运动量

60分钟×2

驯养指数

判断力 4
易驯养性 3
社会性、协调性 4
友好性 3
健康性 4
适合初学者 1

　　它应该是巴尔干半岛上最古老的嗅迹猎犬，是由来到巴尔干半岛的腓尼基人用亚洲的视觉猎犬和欧洲的嗅迹猎犬及獒犬交配而成。

Istrian coarse-haired Hound
依斯特拉粗毛猎犬
依斯特拉猎犬的进化犬种

中型犬

相关数据

身 高：	46~58cm
体 重：	16~24kg
价 格：	目前暂无定价
原产地：	克罗地亚
性格特点：	忠诚、顽固
易患疾病：	关节炎、皮肤病

驯养指数

判断力 3
易驯养性 2
社会性、协调性 4
友好性 3
健康性 3
适合初学者 1

　　19世纪的时候，优秀的依斯特拉猎犬（Istrian Hound）以其动听的吠声而远近闻名，这个犬种就是它和原产于法国的格里芬犬（Griffon Dog）交配而成。1866年时首次在澳大利亚的犬展中露面。

耐寒性

清洁工具

运动量

10分钟×2

第 **6** 组
犬种编号
204

Spanish Hound

西班牙猎犬

和警犬一样机敏的优秀猎犬，又名西班牙
赛布斯奥长耳犬

中型犬

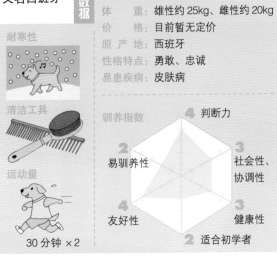

相天数据

身	高：	雄性 52~58cm、雌性 48~53cm
体	重：	雄性约 25kg、雌性约 20kg
价	格：	目前暂无定价
原产地：		西班牙
性格特点：		勇敢、忠诚
易患疾病：		皮肤病

耐寒性

清洁工具

运动量

30 分钟 ×2

驯养指数

判断力 4
社会性、协调性 3
健康性 3
适合初学者 2
友好性 4
易驯养性 2

　　这是起源于西班牙北部的一个犬种，在中世纪的时候就被人们所发现，在 1582 年就已经有关于它的明确的记载。它对主人非常忠诚，在面对大型动物时也十分勇敢。

第 **6** 组
犬种编号
59

Berner Hound

施韦策猎犬

原产自瑞士伯尔尼山区的优秀猎犬，又名
施韦策劳弗杭犬

中型犬

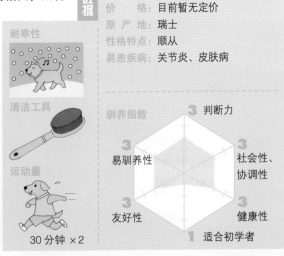

相天数据

身	高：	46~58cm
体	重：	15~20kg
价	格：	目前暂无定价
原产地：		瑞士
性格特点：		顺从
易患疾病：		关节炎、皮肤病

耐寒性

清洁工具

运动量

30 分钟 ×2

驯养指数

判断力 3
社会性、协调性 3
健康性 3
适合初学者 1
友好性 3
易驯养性 3

　　它以前是瑞士境内数量最多的猎犬犬种，不过现在的数量却非常少。它有中型和小型两种，在中型里面又分为四个种类。这些种类的犬种编号相同，图片只是其中之一。

Tyrolean Hound

提洛尔猎犬

嗅觉敏锐、历史悠久的猎犬，又名泰罗猎犬

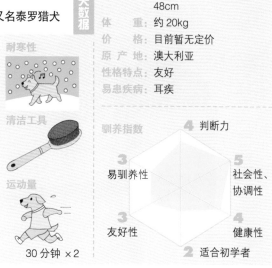

相关数据

身　高：	雄性 44~50cm、雌性 42~48cm	
体　重：	约 20kg	
价　格：	目前暂无定价	
原产地：	澳大利亚	
性格特点：	友好	
易患疾病：	耳疾	

驯养指数

判断力 4
社会性、协调性 5
健康性 4
适合初学者 2
友好性 3
易驯养性 3

中型犬

耐寒性

清洁工具

运动量

30 分钟 ×2

1500 年左右起源于澳大利亚高原地带的优秀猎犬，普遍认为与澳大利亚猎犬的诞生密切相关。1896 年确定了标准的犬种，1908 年获得 FCI 认证。

第**6**组

犬种编号
241

Transylvanian Hound

川斯威尼亚猎犬

匈牙利境内最常见的猎犬，又名特兰西瓦尼亚猎犬

相关数据

身　高：	55~65cm
体　重：	约 25kg
价　格：	目前暂无定价
原产地：	匈牙利
性格特点：	聪明
易患疾病：	耳疾、关节炎

驯养指数

判断力 5
社会性、协调性 5
健康性 4
适合初学者 1
友好性 3
易驯养性 4

大型犬

9 世纪的时候，马扎尔人用匈牙利及罗马尼亚地区的土著犬种和波兰的猎犬进行交配而成，有长腿和短腿两种类型，短腿型主要用于狩猎狐狸和野兔，长腿型主要用于猎取野猪、野狼或野鹿。

耐寒性　　　清洁工具　　　运动量

60 分钟 ×2

Austrian Black and Tan Hound

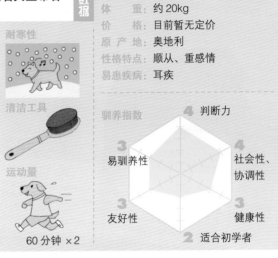

第**6**组
犬种编号 63

奥地利黑褐猎犬

原产自奥地利的优秀猎犬，又名大型布若卡犬（Brandlbracke）

相天数据	
身　高：	雄性 50~56cm、雌性 48~54cm
体　重：	约 20kg
价　格：	目前暂无定价
原产地：	奥地利
性格特点：	顺从、重感情
易患疾病：	耳疾

耐寒性

清洁工具

运动量
60 分钟 ×2

驯养指数
- 判断力 4
- 社会性、协调性 4
- 健康性 3
- 适合初学者 2
- 友好性 3
- 易驯养性 3

中型犬

　　关于这个犬种的起源没有详细的记载，不过普遍认为是源自 19 世纪中期。现在在奥地利以外的国家几乎已经看不到它的踪影。

Black and tan Coonhound

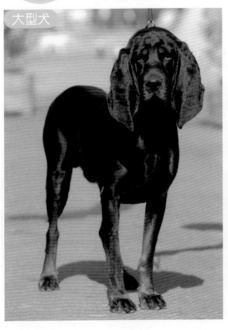

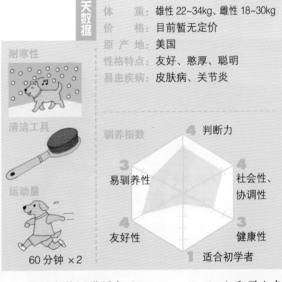

第**6**组
犬种编号 300

黑褐猎浣熊犬

擅长狩猎浣熊的美国猎犬

相天数据	
身　高：	雄性 63~68cm、雌性 58~63cm
体　重：	雄性 22~34kg、雌性 18~30kg
价　格：	目前暂无定价
原产地：	美国
性格特点：	友好、憨厚、聪明
易患疾病：	皮肤病、关节炎

耐寒性

清洁工具

运动量
60 分钟 ×2

大型犬

驯养指数
- 判断力 4
- 社会性、协调性 4
- 健康性 3
- 适合初学者 1
- 友好性 4
- 易驯养性 3

　　这是由美国猎狐犬（American Foxdog）和寻血犬（Bloodhound）交配而成的犬种，1945 年在美国得到认证。现在主要被用于猎取浣熊，在美国比较常见。

第 6 组

犬种编号
244

Slovakian Hound

斯洛伐克猎犬

擅长狩猎野猪的斯洛伐克猎犬，又名斯洛伐克考波夫犬（Slovensky Kopov）

中型犬

相关数据

身　高：	雄性 45~50cm、雌性 40~45cm	
体　重：	15~20kg	
价　格：	目前暂无定价	
原产地：	斯洛伐克	
性格特点：	活泼、顺从	
易患疾病：	皮肤病	

耐寒性

清洁工具

运动量

30 分钟 ×2

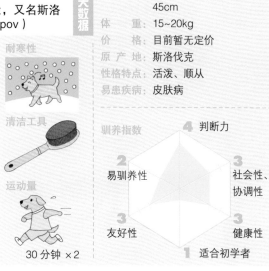

驯养指数

4 判断力
2 易驯养性
3 社会性、协调性
3 友好性
3 健康性
1 适合初学者

　　它的历史很长，是古代东欧地区的嗅迹猎犬的后代，主要被用于猎取野猪。现在，即使在原产国斯洛伐克也非常少见。

第 6 组

犬种编号
84

Bloodhound

寻血犬

在纪元之前就已经存在的大型猎犬

大型犬

相关数据

身　高：	58~69cm	
体　重：	36~50kg	
价　格：	目前暂无定价	
原产地：	比利时	
性格特点：	憨厚、警惕性强	
易患疾病：	髋关节发育不全、眼睑异常、皮肤病	

耐寒性

清洁工具

运动量

60 分钟 ×2

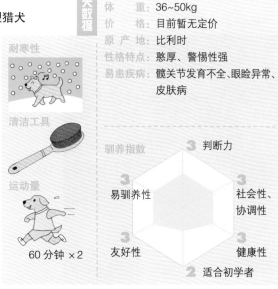

驯养指数

3 判断力
3 易驯养性
3 社会性、协调性
3 友好性
3 健康性
2 适合初学者

　　这个犬种的历史非常长，据说它的祖先是古罗马犬。它起源于纪元之前，在希腊、埃及、意大利等地中海国家都很常见。另外，它还是最大的嗅迹猎犬。

Bavarian Mountain Scenthound
巴伐利亚山猎犬

犬种编号 217

在山林地带能够发挥卓越狩猎能力的山猎犬，又名柏若特格斯威史第犬

相天数据

身高	45~50cm
体重	25~35kg
价格	目前暂无定价
原产地	德国
性格特点	憨厚、顺从、胆小
易患疾病	椎间盘突出、关节炎、皮肤病

耐寒性

清洁工具

运动量 30分钟×2

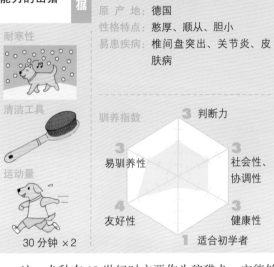

驯养指数：判断力 3、社会性协调性 3、健康性 3、适合初学者 1、友好性 4、易驯养性 3

中型犬

这一犬种在19世纪时主要作为狩猎犬。它能够迅速找到被猎人打伤的猎物，还可以在山林地区帮助狩猎野鹿或斑羚。它的四肢健壮，在条件恶劣的山地里也可以快速奔跑。

Hanoverian Scenthound
汉诺威嗅猎犬

第6组
犬种编号 213

骨骼、肌肉都极具质感的德国重量级猎犬

相天数据

身高	50~60cm
体重	38~44kg
价格	目前暂无定价
原产地	德国
性格特点	顺从、重感情
易患疾病	皮肤病

耐寒性

清洁工具

运动量 60分钟×2

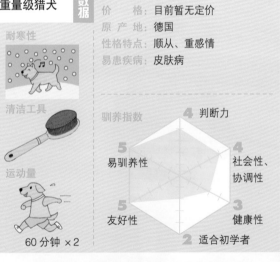

驯养指数：判断力 4、社会性协调性 4、健康性 3、适合初学者 2、友好性 5、易驯养性 5

大型犬

在9世纪的书籍中就有关于这个犬种的记载。19世纪的时候在汉诺威地区与其他的犬种进行交配以改良犬种，1980年被引进法国。

JKC 未登记犬种

第 6 组
犬种编号 52

Polish Hound

波兰猎犬

具备其他猎犬少有的优雅魅力

大型犬

相关数据

身　　高：56~66cm
体　　重：25~32kg
价　　格：目前暂无定价
原 产 地：波兰
性格特点：友好、忠诚、警惕性强
易患疾病：关节炎、外耳炎、皮肤病

驯养指数　　　　3 判断力

3　　　　　　　　　　4
易驯养性　　　　　　社会性、
　　　　　　　　　　协调性

4　　　　　　　　　　4
友好性　　　　　　　健康性

　　　　　　　3 适合初学者

这个犬种的历史很长，一直被用于猎取野兔或狐狸。在第二次世界大战时曾一度濒临绝种，后来又逐渐活跃起来。1966 年获得 FCI 认证，在欧洲又被称为奥甲波斯凯犬。

耐寒性　　　　清洁工具　　　　运动量

60 分钟 ×2

第 6 组
犬种编号 198

Italian Hound

意大利猎犬

肌肉匀称、体态健美的意大利猎犬，又名意大利塞古奥犬

耐寒性

清洁工具

运动量

60 分钟 ×2

中型犬

相关数据

身　　高：52~58cm
体　　重：18~28kg
价　　格：目前暂无定价
原 产 地：意大利
性格特点：憨厚、重感情、顺从
易患疾病：髋关节发育不全、皮肤病

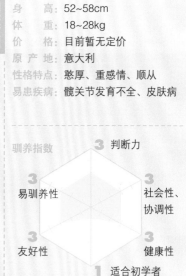

驯养指数　　　　3 判断力

3　　　　　　　　　　3
易驯养性　　　　　　社会性、
　　　　　　　　　　协调性

3　　　　　　　　　　3
友好性　　　　　　　健康性

　　　　　　　1 适合初学者

虽然这个犬种过去经常被用于猎取野兔或野鹿，可是现在却很难见到它的身影。它的祖先应该是原产自欧洲的布拉克猎犬（Braque Hound）。

JKC 未登记犬种

English Foxhound

英国猎狐犬

集体狩猎狐狸的勇敢猎犬

大型犬

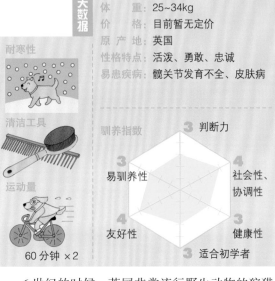

相关数据

身　高	58~69cm
体　重	25~34kg
价　格	目前暂无定价
原产地	英国
性格特点	活泼、勇敢、忠诚
易患疾病	髋关节发育不全、皮肤病

耐寒性

清洁工具

运动量

60 分钟 ×2

驯养指数

判断力 3
社会性、协调性 4
健康性 3
适合初学者 3
友好性 4
易驯养性 3

　　6 世纪的时候，英国非常流行野生动物的狩猎，所以贵族们对于猎狐犬的饲养也十分热衷，甚至会雇用专门的饲养人员。即使到现在，这个犬种的主要用途也是帮助主人狩猎。

Posavac Hound

颇赛克猎犬

欧洲地区都很少见的克罗地亚猎犬，又名颇赛凯果尼克犬

中型犬

相关数据

身　高	43~59cm
体　重	16~20kg
价　格	目前暂无定价
原产地	克罗地亚
性格特点	顺从、重感情
易患疾病	耳疾、关节炎

驯养指数

判断力 4
社会性、协调性 4
健康性 3
适合初学者 2
友好性 4
易驯养性 3

　　这是欧洲古代的猎犬与非洲狩望猎犬的后代，它起源于地中海地区的巴尔干半岛，原产地是克罗地亚。

耐寒性

清洁工具

运动量

30 分钟 ×2

第 6 组
犬种编号 62

Steirische Rauhhaarbracke

施蒂里亚粗毛猎犬

原产自澳大利亚的稀有猎犬，又名斯提瑞恩粗毛猎犬

中型犬

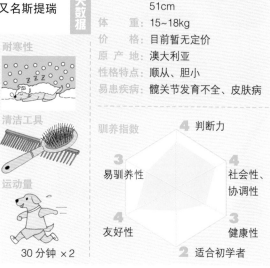

相关数据

身　高：	雄性 47~53cm、雌性 45~51cm
体　重：	15~18kg
价　格：	目前暂无定价
原产地：	澳大利亚
性格特点：	顺从、胆小
易患疾病：	髋关节发育不全、皮肤病

耐寒性

清洁工具

运动量

30 分钟 ×2

驯养指数

- 4 判断力
- 3 易驯养性
- 4 社会性、协调性
- 4 友好性
- 3 健康性
- 2 适合初学者

　　1870 年由派尼泰格先生（Herr Peintinger）用雌性的汉诺威嗅猎犬（Hanoverian Scenthound）和雄性的依斯特拉粗毛猎犬（Istrian coarse-haired Hound）交配而成的新犬种，又被称为斯提瑞恩粗毛猎犬。

第 6 组
犬种编号 33

Grand Basset Griffon Vendeen

大格里芬旺代短腿犬

调皮可爱的法国人气小猎犬

中型犬

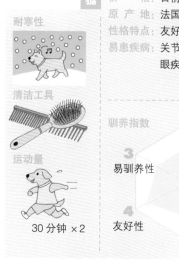

相关数据

身　高：	38~42cm
体　重：	18~20kg
价　格：	目前暂无定价
原产地：	法国
性格特点：	友好、顺从
易患疾病：	关节炎、外耳炎、皮肤病、眼疾

耐寒性

清洁工具

运动量

30 分钟 ×2

驯养指数

- 3 判断力
- 3 易驯养性
- 4 社会性、协调性
- 4 友好性
- 3 健康性
- 3 适合初学者

　　名字中带有"格里芬旺代"的犬种共有 4 个，其中的格里芬旺代短腿犬又有大小之分。大型格里芬旺代短腿犬以非凡的捕捉野兔的能力而闻名。

第6组
犬种编号 36

Down Brittany Basset

浅黄不列塔尼短腿犬

英国境内最受欢迎的法国猎犬

中型犬

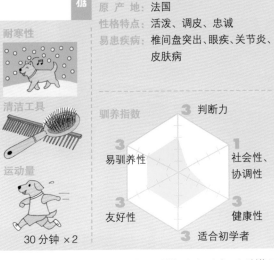

相关数据		
身体价	高	32~38cm
	重	16~18kg
	格	目前暂无定价
原产地		法国
性格特点		活泼、调皮、忠诚
易患疾病		椎间盘突出、眼疾、关节炎、皮肤病

耐寒性

清洁工具

运动量

30 分钟 ×2

驯养指数

判断力 3
社会性、协调性 1
健康性 3
适合初学者 3
友好性 3
易驯养性 3

它是 1800 年在法国的不列塔尼地区由不列塔尼猎犬（Brittany Dog）和其他的短腿犬（Basset Dog）交配而成。19 世纪以来一直是欧洲特别是英国地区最受欢迎的犬种之一。

第6组
犬种编号 294

Otterhound

奥达猎犬

奥达的荷兰语意思是水獭，它过去一直是捕捉水獭的能手

大型犬

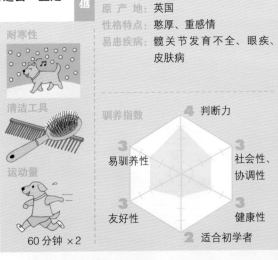

相关数据		
身体价	高	雄性 61~69cm、雌性 58~67cm
	重	雄性 34~52kg、雌性 29~45kg
	格	目前暂无定价
原产地		英国
性格特点		憨厚、重感情
易患疾病		髋关节发育不全、眼疾、皮肤病

耐寒性

清洁工具

运动量

60 分钟 ×2

驯养指数

判断力 4
社会性、协调性 3
健康性 3
适合初学者 2
友好性 3
易驯养性 3

虽然关于它的起源没有详细的记载，不过在 14 世纪初的书籍中却发现了描写它捕捉猎物的内容。19 世纪初它又与寻血犬（Bloodhound）、格里芬犬（Griffon Dog）等交配，最后得到了现在的犬种。

第6组
犬种编号
254

Alpine Dachsbracke

阿尔卑斯达克斯布若卡犬

生长在阿尔卑斯山的勇敢猎犬

相天数据

身　高：	34~42cm
体　重：	15~18kg
价　格：	目前暂无定价
原产地：	奥地利
性格特点：	憨厚、友好
易患疾病：	椎间盘突出、关节炎、皮肤病

耐寒性

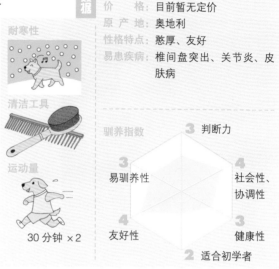

清洁工具

运动量

30 分钟 ×2

驯养指数

3 判断力
3 易驯养性
4 社会性、协调性
4 友好性
3 健康性
2 适合初学者

中型犬

在阿尔卑斯山地区，它一直被用于捕捉野鹿、野兔或者狐狸，捕捉水禽的本领也很强。1991 年得到 FCI 认证，是奥地利目前最常见的猎犬犬种。

第6组
犬种编号
299

German Hound

德国猎犬

又名德国波音达犬

相天数据

身　高：	40~53cm
体　重：	约 20kg
价　格：	目前暂无定价
原产地：	德国
性格特点：	忠诚、重感情、警惕性强
易患疾病：	关节炎、外耳炎、皮肤病

耐寒性

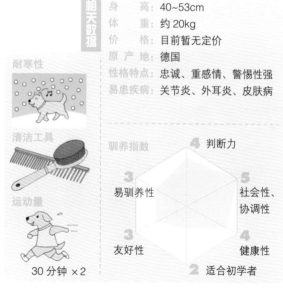

清洁工具

运动量

30 分钟 ×2

驯养指数

4 判断力
3 易驯养性
5 社会性、协调性
3 友好性
4 健康性
2 适合初学者

中型犬

这是德国古老猎犬的改良犬种，1900 年就被命名为德国波音达犬，不过直到 1955 年才得到 FCI 的认证。

Drever

第 6 组

犬种编号 130

赘沃犬

用于探寻地雷的瑞典猎犬，又名瑞典丹池布诺克犬

中型犬

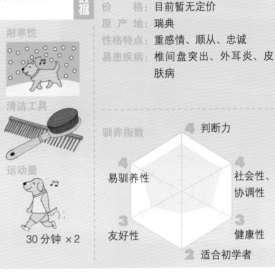

　　虽然这是世界公认的瑞典犬，可实际上它原产自德国。它的吠声很特别，即使在茂密的森林中也能够迅速引领主人找到猎物的方向。

Artesian-Norman Basset

第 6 组

犬种编号 64

阿提桑诺曼底短腿犬

被称为短腿犬祖先的法国犬种

中型犬

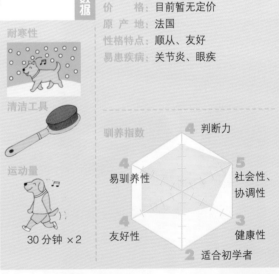

　　它是短腿犬（Basset Dog）的祖先，由阿提桑和诺曼底两地的短腿犬交配而成，最初的用途只是为了狩猎，后来人们发现它的社交能力也非常强。

Finnish Hound

芬兰猎犬

原产自芬兰的机警的猎犬，又名芬兰波美
拉尼亚丝毛犬

大型犬

耐寒性

清洁工具

运动量

60 分钟 ×2

相天数据		
身　　高	：雄性 55~61cm、雌性 52~58cm	
体　　重	：20~25kg	
价　　格	：目前暂无定价	
原 产 地	：芬兰	
性格特点	：冷静、友好	
易患疾病	：眼疾、皮肤病	

驯养指数

3 判断力

3 易驯养性

4 社会性、
协调性

4 友好性

3 健康性

2 适合初学者

　　1800 年由法国、德国、瑞典三地的猎犬交配而成，
1932 年才得到 FCI 的认证。它的身体健壮，是一个
具有万能用途的优秀犬种。

French Tricolour Hound

法国三色猎犬

拥有三种被毛颜色的大型猎犬，又名法国
三色犬

耐寒性

清洁工具

运动量

60 分钟 ×2

大型犬

相天数据		
身　　高	：62~72cm	
体　　重	：34.5~35.5kg	
价　　格	：目前暂无定价	
原 产 地	：法国	
性格特点	：勇敢、警惕性强	
易患疾病	：髋关节发育不全、皮肤病	

驯养指数

3 判断力

3 易驯养性

3 社会性、
协调性

2 友好性

3 健康性

2 适合初学者

　　它是由英国狐狸犬（English Foxdog）及法国原
产的猎犬等交配而成，后来又经过不断改良，才得到
现在的犬种。

Hamilton Hound

第 **6** 组

犬种编号 132

汉密尔顿猎犬

英国最受欢迎的瑞典犬，又名汉密尔顿斯道瓦猎犬

大型犬

相关数据

身	高：	51~61cm
体	重：	23~27kg
价	格：	目前暂无定价
原产地：		瑞典
性格特点：		憨厚、优雅、友好
易患疾病：		关节炎、皮肤病

耐寒性

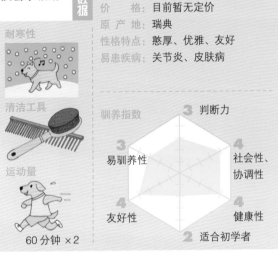

清洁工具

运动量

60 分钟 ×2

驯养指数

3 判断力
3 易驯养性
4 社会性、协调性
4 友好性
4 健康性
2 适合初学者

　　1886 年由英国猎狐犬（English Foxhound）和已经绝种的霍尔斯汀猎犬 (Holstein hound) 交配而成，是以培育它的瑞典犬业俱乐部的汉密尔顿伯爵的名字来命名。

Basset Bleu de Gascogne

第 **6** 组

犬种编号 35

蓝色加斯科涅短腿犬

行动力迅速、敏捷的法国猎犬

中型犬

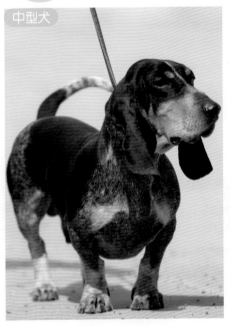

相关数据

身	高：	34~42cm
体	重：	16~18kg
价	格：	目前暂无定价
原产地：		法国
性格特点：		警惕性强、忠诚
易患疾病：		胃痉挛、椎间盘突出

耐寒性

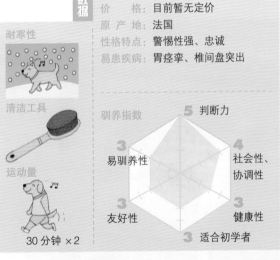

清洁工具

运动量

30 分钟 ×2

驯养指数

5 判断力
3 易驯养性
4 社会性、协调性
3 友好性
3 健康性
3 适合初学者

　　它是由蓝加斯科涅犬（Bleu de Gascogne）衍生而来，几世纪前就存在于法国的边境地区。在 20 世纪初曾濒临绝种，第二次世界大战后数量稍有增加，不过仍然是一个稀有的犬种。

第6组

犬种编号
303

American Foxhound

美国猎狐犬

原产于美国的猎狐犬

大型犬

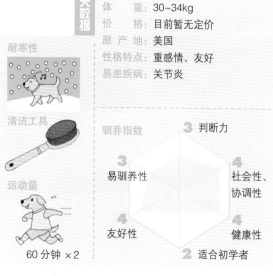

相关数据

身　高：53~64cm
体　重：30~34kg
价　格：目前暂无定价
原产地：美国
性格特点：重感情、友好
易患疾病：关节炎

耐寒性

清洁工具

运动量
60 分钟 ×2

驯养指数

3 判断力
3 易驯养性
4 社会性、协调性
4 友好性
4 健康性
2 适合初学者

　　1650 年，英国猎狐犬（English Foxhound）引进美国之后，与法国的猎犬交配，才得到了现在的美国猎狐犬。它的嗅觉敏锐，经常被用于狩猎。

第6组

犬种编号
30

Porcelaine

瓷器犬

拥有结实肌肉的纯白色古老犬种

中型犬

相关数据

身　高：雄性 55~58cm、雌性 53~56cm
体　重：20~25kg
价　格：目前暂无定价
原产地：法国
性格特点：冷静、喜欢安静
易患疾病：皮肤病、外耳炎

驯养指数

4 判断力
3 易驯养性
4 社会性、协调性
3 友好性
4 健康性
1 适合初学者

　　法国最古老的猎犬之一，由现已绝迹的蒙泰波弗犬（Montemboeuf）演变而来，一直在修道院中精心饲养。1971 年时获得 FCI 的认证。

耐寒性　　　清洁工具　　　运动量

60 分钟 ×2

第7组

犬种编号 115

Braque Saint-Germain
布拉克圣日耳曼猎犬
1830 年出现的新犬种

大型犬

身　　高：	雄性 56~62cm、雌性 54~59cm
体　　重：	18~26kg
价　　格：	目前暂无定价
原 产 地：	法国
性格特点：	友好、重感情
易患疾病：	皮肤病

驯养指数

判断力 4
社会性、协调性 4
易驯养性 4
友好性 3
健康性 3
适合初学者 2

最早出现在专门管理、养育犬种的圣日耳曼地区（Saint-Germain-en-Laye），所以以此来命名。1863 年首次出现在犬展中，1913 年 3 月获得认证。

耐寒性　　　清洁工具　　　运动量

60 分钟 ×2

第7组

犬种编号 177

Ariege pointing Dog
艾瑞格指示犬
重量级的指示犬

大型犬

身　　高：	雄性 60~67cm、雌性 56~65cm
体　　重：	25~30kg
价　　格：	目前暂无定价
原 产 地：	法国
性格特点：	非常独立
易患疾病：	皮肤病

驯养指数

判断力 4
社会性、协调性 4
易驯养性 4
友好性 3
健康性 3
适合初学者 3

起源于法国南部与西班牙毗邻的阿里埃日地区，是重量级的始祖犬种，后来又加入了布拉克圣日耳曼猎犬的血统。曾一度濒临绝种，后来在爱犬人士的努力下又活跃起来并获得认证。

耐寒性　　　清洁工具　　　运动量

10 分钟 ×2

第8组

犬种编号 180

Braque d'Auvergne

布拉克德奥弗涅犬

山岳地区的优秀猎犬

大型犬

相关数据

身 高	雄性 60~67cm、雌性 56~65cm
体 重	25~30kg
价 格	目前暂无定价
原 产 地	法国
性格特点	重感情
易患疾病	皮肤病

耐寒性

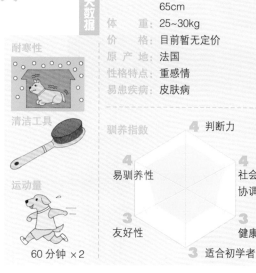

清洁工具

运动量

60 分钟 ×2

驯养指数

- 判断力 4
- 社会性、协调性 4
- 健康性 3
- 适合初学者 3
- 友好性 3
- 易驯养性 4

起源于法国中南部的山岳地区，1700 年就被人们所发现。后来又与布拉克犬等进行交配，才得到现在的犬种，与布拉克圣日耳曼猎犬（Braque Saint-Germain）关系密切。

第7组

犬种编号 133

French Pointing Dog-Gascogne type

法国加斯科涅指示犬

法国大猎犬

大型犬

相关数据

身 高	雄性 58~69cm、雌性 56~68cm
体 重	25~32kg
价 格	目前暂无定价
原 产 地	法国
性格特点	优雅、稳重
易患疾病	皮肤病、髋关节发育不全

驯养指数

- 判断力 4
- 社会性、协调性 4
- 健康性 3
- 适合初学者 2
- 友好性 3
- 易驯养性 4

它起源于法国加斯科涅地区，历史悠久，从 17 世纪开始就有文字记载，祖先可能是西班牙或者意大利的指示犬。又名法国大猎犬，与其他小型猎犬有明显的区别。

耐寒性

清洁工具

运动量

60 分钟 ×2

JKC 未登记犬种

German Short-haired Pointing Dog

第7组
犬种编号 119

德国短毛指示犬

德国境内最受欢迎的猎鸟犬，又名德国短毛波音达犬

相天数据

身高	雄性 58~64cm、雌性 53~58cm	
体重	雄性 25~32kg、雌性 20~27kg	
价格	人民币 1.1 万 ~1.9 万元	
原产地	德国	
性格特点	顺从、活泼、重感情	
易患疾病	髋关节发育不全、心脏病、肿瘤	

大型犬

耐寒性

清洁工具

运动量

60 分钟 ×2

驯养指数

判断力 4
社会性、协调性 3
健康性 3
适合初学者 2
友好性 2
易驯养性 4

由英国指示犬（English Pointing Dog）、寻血犬（Bloodhound）交配而成，嗅觉灵敏、擅长游泳，同时也是捕捉野兔、野鹿的能手。现在是德国境内最受欢迎的猎鸟犬。

Bourbonnais Pointing Dog

第7组
犬种编号 179

波旁指示犬

法国指示犬中最古老的犬种，又名布拉克杜波旁犬

相天数据

身高	雄性 51~57cm、雌性 47~56cm	
体重	16~25kg	
价格	目前暂无定价	
原产地	法国	
性格特点	冷静、警惕性强	
易患疾病	髋关节发育不全、眼疾、心脏病、耳疾	

中型犬

耐寒性

清洁工具

运动量

60 分钟 ×2

驯养指数

判断力 4
社会性、协调性 3
健康性 2
适合初学者 1
友好性 3
易驯养性 4

这是法国原产的指示犬中历史最长的一个犬种。1598 年被在法国旅行的意大利人所发现，并详细地进行了记录。

JKC 未登记犬种

第7组

犬种编号
245

Cesky Fousek

塞斯凯福瑟克犬

具有万能用途的捷克猎犬

大型犬

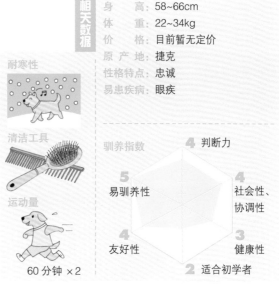

相天数据

身	高：	58~66cm
体	重：	22~34kg
价	格：	目前暂无定价
原产地：		捷克
性格特点：		忠诚
易患疾病：		眼疾

耐寒性

清洁工具

运动量

60 分钟 ×2

驯养指数

4 判断力

5 易驯养性

4 社会性、协调性

4 友好性

3 健康性

2 适合初学者

　　它的祖先是中世纪时波西米亚王国（现在的捷克共和国）的犬种。在世界大战时期曾濒临绝种，后来在爱犬人士的努力下又活跃起来，并于 1931 年获得了认证。

第7组

犬种编号
216

Pudelpointer

卷毛指示犬

水陆两用的理想猎犬

大型犬

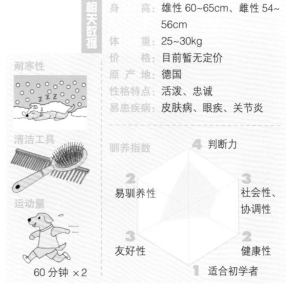

相天数据

身	高：	雄性 60~65cm、雌性 54~56cm
体	重：	25~30kg
价	格：	目前暂无定价
原产地：		德国
性格特点：		活泼、忠诚
易患疾病：		皮肤病、眼疾、关节炎

耐寒性

清洁工具

运动量

60 分钟 ×2

驯养指数

4 判断力

2 易驯养性

3 社会性、协调性

3 友好性

2 健康性

1 适合初学者

　　19 世纪后半期，由卷毛犬和指示犬交配而成。虽然在德国非常受欢迎，可是数量却在不断地减少。现在在德国以外的地区已经十分少见。

French Rauh-haired Pointing Dog

第 7 组

犬种编号 107

法国硬毛指示犬

法国家庭中最受欢迎的猎犬，又名法国硬毛科萨尔格里芬指示猎犬

大型犬

相关数据	
身　高：	雄性 55~60cm、雌性 50~55cm
体　重：	20~25kg
价　格：	目前暂无定价
原 产 地：	法国
性格特点：	警惕性强、友好
易患疾病：	皮肤病、关节炎

耐寒性

清洁工具

运动量

60 分钟 ×2

驯养指数

- 5 判断力
- 2 社会性、协调性
- 4 易驯养性
- 3 健康性
- 3 友好性
- 1 适合初学者

　　在 1860 年由法国、德国两地的格里芬犬（Griffon）、指示犬（Pointer）、贝巴犬（Barbet）等交配而成，1870 年诞生。

French Spaniel

第 7 组

犬种编号 175

法国猎犬

友好的法国猎犬，又名伊巴尼尔法兰西犬

大型犬

相关数据	
身　高：	56~61cm
体　重：	19.5~20.5kg
价　格：	目前暂无定价
原 产 地：	法国
性格特点：	冷静、胆小、友好
易患疾病：	耳疾、关节炎

耐寒性

清洁工具

运动量

60 分钟 ×2

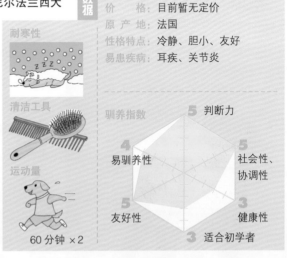

驯养指数

- 5 判断力
- 5 社会性、协调性
- 4 易驯养性
- 3 健康性
- 5 友好性
- 3 适合初学者

　　它的祖先是已经绝迹的枪猎犬（Gun Dog）。从 16 世纪开始就当做猎鸟犬来饲养，又不断地与英国的犬种交配，所以数量已经非常少。不过，在 19 世纪之后又开始活跃起来。

Picardy Spaniel

皮卡第猎犬

第 **7** 组

犬种编号
108

勇敢果断、耐力持久的猎犬，又名伊巴尼尔皮卡第犬

大型犬

相天数据

身　高：	56~61cm
体　重：	19.5~20.5kg
价　格：	目前暂无定价
原产地：	法国
性格特点：	友好、活泼、憨厚
易患疾病：	耳疾、关节炎

耐寒性

清洁工具

运动量

60 分钟 ×2

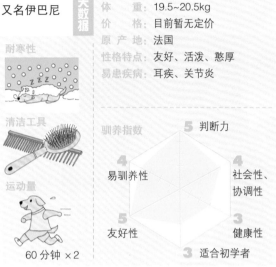

驯养指数

判断力 5
社会性、协调性 4
健康性 3
适合初学者 3
友好性 5
易驯养性 4

它在法国境内非常有名，和伊巴尼尔法兰西犬（French Spaniel）有很近的血缘关系。虽然在法国以外的地区很少见，不过在 1904 年巴黎犬展中一举闻名，并于 1908 年获得了 FCI 的认证。

Spaniel de pont-Audemer

蓬托德梅尔猎犬

第 **7** 组

犬种编号
114

具有卓越亲水性的法国犬种，又名伊巴尼尔蓬托德梅尔犬

中型犬

相天数据

身　高：	51~58cm
体　重：	18~24kg
价　格：	目前暂无定价
原产地：	法国
性格特点：	聪明、忠诚、重感情
易患疾病：	关节炎、外耳炎、皮肤病

耐寒性

清洁工具

运动量

60 分钟 ×2

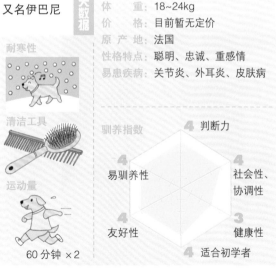

驯养指数

判断力 4
社会性、协调性 4
健康性 3
适合初学者 4
友好性 4
易驯养性 4

原产自法国诺曼底的蓬托德梅尔地区。它的波浪状卷毛具有独特的亲水性，因此一直被视为优秀的水猎犬。另外，它对主人的命令忠诚不贰，所以作为猎犬也没有问题。

第 7 组

犬种编号 106

Blue Picardy Spaniel
蓝皮卡第猎犬

优秀的法国猎鸟犬，又名伊巴尼尔蓝皮卡第猎犬

大型犬

相关数据

身　高：	56~61cm
体　重：	19.5~20.5kg
价　格：	目前暂无定价
原产地：	法国
性格特点：	聪明、忠诚、憨厚、重感情
易患疾病：	关节炎、外耳炎、皮肤病

耐寒性

清洁工具

运动量　60 分钟 ×2

驯养指数

- 判断力 4
- 社会性、协调性 5
- 健康性 3
- 适合初学者 4
- 友好性 5
- 易驯养性 5

由原产自法国的枪猎犬（Gun Dog）和原产自苏格兰的戈登雪达犬（Gordon Setter）交配而成。因为交配的地点是法国的皮卡第地区，所以以此来命名。

第 7 组

犬种编号 320

Slovakian Wire-haired Pointing Dog
斯洛伐克硬毛指示犬

活跃在灾难救援现场的斯洛伐克猎犬，又名斯洛伐克硬毛波音达猎犬

大型犬

相关数据

身　高：	56~68cm
体　重：	25~35kg
价　格：	目前暂无定价
原产地：	斯洛伐克
性格特点：	顺从
易患疾病：	眼疾

耐寒性

清洁工具

运动量　60 分钟 ×2

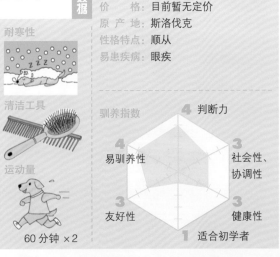

驯养指数

- 判断力 4
- 社会性、协调性 3
- 健康性 3
- 适合初学者 1
- 友好性 3
- 易驯养性 4

第二次世界大战以后，由德国硬毛指示犬衍生而来并开始大量繁殖。后来又加入了魏玛猎犬（Weimaraner）的血统，在 1975 年得到捷克共和国的认证，在 1983 年得到 FCI 认证。

JKC 未登记犬种

Stabyhoun
斯塔比荷猎犬
荷兰境内最受欢迎的猎鸟犬

中型犬

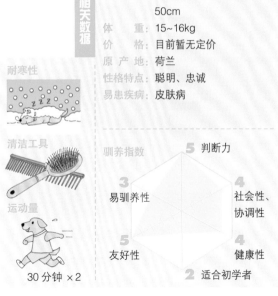

相关数据		
身　　高：	雄性约53cm、雌性约	
	50cm	
体　　重：	15~16kg	
价　　格：	目前暂无定价	
原产地：	荷兰	
性格特点：	聪明、忠诚	
易患疾病：	皮肤病	

耐寒性

清洁工具

运动量

30 分钟 ×2

驯养指数

5 判断力
3 易驯养性
4 社会性、协调性
5 友好性
4 健康性
2 适合初学者

　　它与荷兰原产的猎鸟犬一样，都是活跃在阿姆斯特丹的东北部地区。在 1600 年就有相关的记载，它的祖先应该是 16 世纪西班牙人占领荷兰时所带来的犬种。

Dtrentse Partridge Dog
荷兰猎鸟犬
休闲狩猎最理想的犬种，又名荷兰山鹬猎犬

大型犬

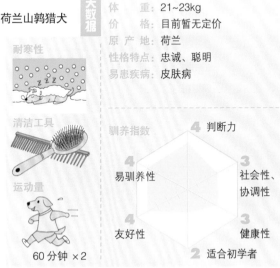

相关数据		
身　　高：	55~63cm	
体　　重：	21~23kg	
价　　格：	目前暂无定价	
原产地：	荷兰	
性格特点：	忠诚、聪明	
易患疾病：	皮肤病	

耐寒性

清洁工具

运动量

60 分钟 ×2

驯养指数

4 判断力
4 易驯养性
3 社会性、协调性
4 友好性
3 健康性
2 适合初学者

　　16 世纪时它在荷兰东部地区由法国和西班牙的猎鸟犬交配而成，主要被用来猎取野鸡、野兔和鹧鸪。现在在荷兰以外的地区已经很难见到它的身影。

第7组

犬种编号 102

Kleiner Munsterlander

克雷那明斯特兰德犬

德国最小的猎鸟犬

中型犬

相关数据

身	高：	48~56cm
体	重：	14.5~15.5kg
价	格：	目前暂无定价
原产地：		德国
性格特点：		憨厚、友好
易患疾病：		皮肤病

耐寒性

清洁工具

运动量

30 分钟 ×2

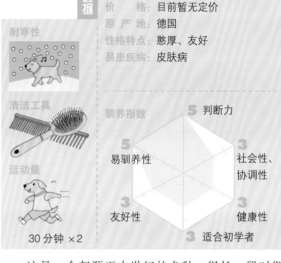

驯养指数

判断力 5
社会性、协调性 3
健康性 3
适合初学者 3
友好性 3
易驯养性 5

　　这是一个起源于中世纪的犬种，很长一段时期人们都以为它已经灭绝，后来又在偶然间发现并大规模地作为家庭犬来饲养。犬种名称是为了纪念它的发祥地——德国的明斯特地区。

第7组

犬种编号 330

Irish Red and White Setter

爱尔兰红白蹲猎犬

纯白色被毛中带有红色斑点的爱尔兰猎鸟犬

大型犬

相关数据

身	高：	58~69cm
体	重：	27~32kg
价	格：	目前暂无定价
原产地：		爱尔兰
性格特点：		憨厚、友好
易患疾病：		皮肤病、眼疾

耐寒性

清洁工具

运动量

60 分钟 ×2

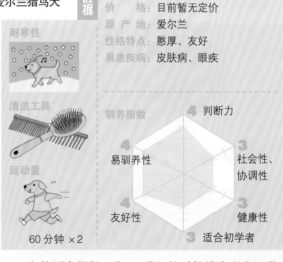

驯养指数

判断力 4
社会性、协调性 3
健康性 3
适合初学者 3
友好性 4
易驯养性 4

　　它的历史很长，在16世纪的时候就有文字记载，在17世纪的绘画作品中还可以经常看到它的身影。它曾经一度濒临绝种，后来又逐渐活跃起来，1989年得到FCI的认证。

JKC 未登记犬种

German Long-haired Pointing Dog

第 **7** 组
犬种编号 117

德国长毛指示犬

拥有华丽被毛的德国猎鸟犬，又名德国长毛波音达猎犬

大型犬

相关数据

身	高：	60~70cm
体	重：	27~32kg
价	格：	目前暂无定价
原 产 地：		德国
性格特点：		憨厚、顺从
易患疾病：		关节炎、皮肤病

耐寒性

清洁工具

运动量

60 分钟 ×2

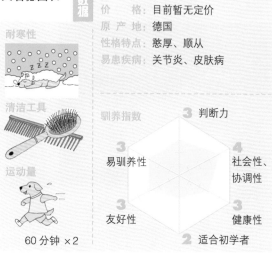

驯养指数

判断力 3
社会性、协调性 4
健康性 3
适合初学者 2
友好性 3
易驯养性 3

由戈登雪达犬（Gordon Setter）和德国短毛指示犬（German Short-haired Pointing Dog）交配而成。

French Pyrenean Pointing Dog

第 **7** 组
犬种编号 134

法国比利牛斯指示犬

拥有卓越判断力的猎鸟犬，又名比利牛斯山法式短毛垂耳猎犬

中型犬

相关数据

身	高：	47~58cm
体	重：	20~32kg
价	格：	目前暂无定价
原 产 地：		法国
性格特点：		顺从、重感情
易患疾病：		关节炎、耳疾

驯养指数

判断力 4
社会性、协调性 4
健康性 3
适合初学者 1
友好性 3
易驯养性 4

这是一个起源于法国与西班牙边境地区的比利牛斯山的指示犬，现在的数量已经很少，是一个不挑剔地形条件、业内评价非常高的犬种。

耐寒性　　清洁工具　　运动量

60 分钟 ×2

第 7 组

犬种编号 99

Weimaraner（Long-haired）
魏玛猎犬（长毛）

拥有漂亮的被毛，比短毛魏玛猎犬更受欢迎

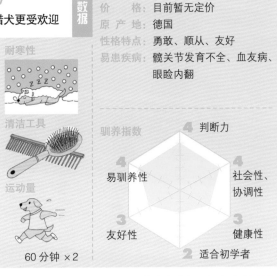

相关数据

身 高：	57~70cm
体 重：	27~30kg
价 格：	目前暂无定价
原产地：	德国
性格特点：	勇敢、顺从、友好
易患疾病：	髋关节发育不全、血友病、眼睑内翻

耐寒性

清洁工具

运动量

60 分钟 ×2

驯养指数

- 4 判断力
- 4 社会性、协调性
- 4 易驯养性
- 3 健康性
- 3 友好性
- 2 适合初学者

大型犬

它的祖先与短毛魏玛猎犬相同。这个犬种的历史很长，不过很长时间都没有得到认证，直到 1935 年在德国得到认证，但在 FCI 的犬种编号中仍然与短毛魏玛猎犬相同。

第 7 组

犬种编号 239

Hungarian Wire-haired Pointing Dog
匈牙利硬毛指示犬

硬毛的匈牙利维兹拉犬

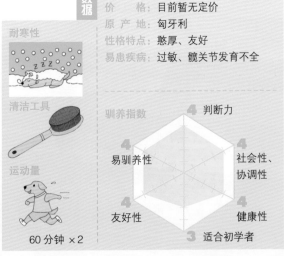

相关数据

身 高：	57~64cm
体 重：	22~30kg
价 格：	目前暂无定价
原产地：	匈牙利
性格特点：	憨厚、友好
易患疾病：	过敏、髋关节发育不全

耐寒性

清洁工具

运动量

60 分钟 ×2

驯养指数

- 4 判断力
- 4 社会性、协调性
- 4 易驯养性
- 4 健康性
- 4 友好性
- 3 适合初学者

大型犬

在 1930 年由德国硬毛指示猎犬（German Wirehaired Pointer）和匈牙利维兹拉犬（Hungarian Vizsla）交配而成，被毛的毛质种类很丰富。

Portuguess Pointing Dog

葡萄牙指示犬

葡萄牙最古老的猎鸟犬，又名佩尔狄克罗
葡萄牙犬

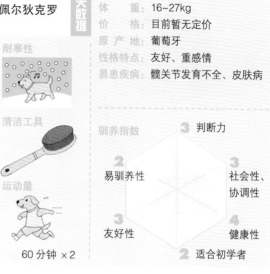

身	高	：52~56cm
体	重	：16~27kg
价	格	：目前暂无定价
原产地		：葡萄牙
性格特点		：友好、重感情
易患疾病		：髋关节发育不全、皮肤病

耐寒性

清洁工具

运动量

60 分钟 ×2

中型犬

驯养指数

判断力 **3**

易驯养性 **2**

社会性、协调性 **3**

友好性 **3**

健康性 **4**

适合初学者 **2**

在 5 世纪、6 世纪的时候，葡萄牙的猎鹰人用它猎鹰。它是英国指示犬（English Pointing Dog）的祖先，对枪猎犬（Gun Dog）的发展也有很大影响。

Italian Pointing Dog

意大利指示犬

指示犬的始祖，又名布兰考犬

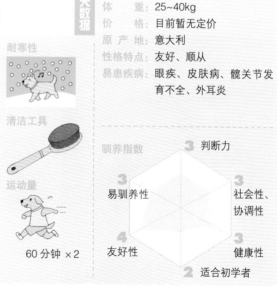

身	高	：56~67cm
体	重	：25~40kg
价	格	：目前暂无定价
原产地		：意大利
性格特点		：友好、顺从
易患疾病		：眼疾、皮肤病、髋关节发育不全、外耳炎

耐寒性

清洁工具

运动量

60 分钟 ×2

大型犬

驯养指数

判断力 **3**

易驯养性 **3**

社会性、协调性 **3**

友好性 **4**

健康性 **3**

适合初学者 **2**

在 4 世纪、5 世纪的时候就有相关的文字记载，所以被认为是最古老的指示犬，也是其他指示犬的始祖。

JKC 未登记犬种

第 7 组

犬种编号 165

Italian Wire-haired Pointing Dog

意大利硬毛指示猎犬

以卷曲的被毛为主要特征

大型犬

身 体	高：	61~66cm
	重：	32~37kg
价 格：		目前暂无定价
原产地：		意大利
性格特点：		友好、顺从、警惕性强
易患疾病：		眼疾、皮肤病、髋关节发育不全、外耳炎

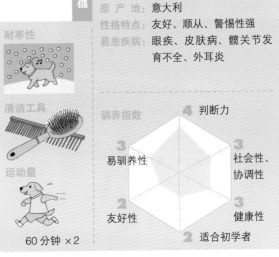

耐寒性

清洁工具

运动量

60 分钟 ×2

驯养指数

4 判断力

3 易驯养性

3 社会性、协调性

2 友好性

3 健康性

2 适合初学者

又被称为意大利史毕诺犬，在 1683 年发行的书籍中最早使用了意大利硬毛指示猎犬的名字。史毕诺在意大利文中的意思是"带有根茎的植物"，也暗示着这种犬类的非凡的狩猎能力。

第 8 组

犬种编号 37

Portuguess Water Dog

葡萄牙水犬

在水中能够发挥超强能力的水猎犬

中型犬

身 体	高：	43~57cm
	重：	16~25kg
价 格：		目前暂无定价
原产地：		葡萄牙
性格特点：		聪明、忠诚、警惕性强
易患疾病：		皮肤病、眼疾、关节炎

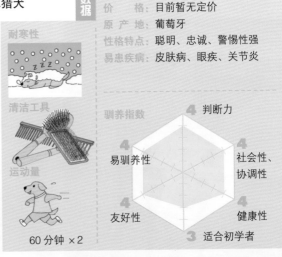

耐寒性

清洁工具

运动量

60 分钟 ×2

驯养指数

4 判断力

4 易驯养性

4 社会性、协调性

4 友好性

4 健康性

3 适合初学者

起源于葡萄牙的伊比利亚半岛，是渔民饲养的品种，用来在海中寻回失落的渔具或者在小船之间传递信息。50 年前曾一度濒临绝种，近年来又逐渐活跃起来。

Irish Water Spaniel

爱尔兰水犬

捕捉水禽的高手

中型犬

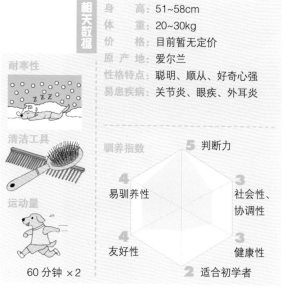

相天数据		
身　　高	51~58cm	
体　　重	20~30kg	
价　　格	目前暂无定价	
原 产 地	爱尔兰	
性格特点	聪明、顺从、好奇心强	
易患疾病	关节炎、眼疾、外耳炎	

耐寒性

清洁工具

运动量

60 分钟 × 2

驯养指数

5 判断力
4 易驯养性
3 社会性、协调性
4 友好性
3 健康性
2 适合初学者

　　这是一个古老的犬种，在 1607 年就有文字记载。1841 年后被人们所熟知，1859 年首次参加犬展。传入美国后非常受欢迎，1875 年还在美国人最喜爱的犬种排名中列第三位。

French Water Dog

法国水犬

最古老的水犬犬种，又名贝巴犬

大型犬

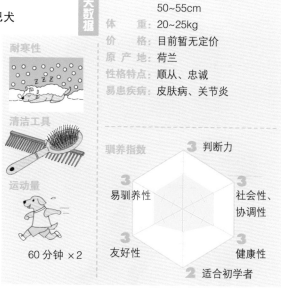

相天数据		
身　　高	雄　性 54~60cm、 雌　性 50~55cm	
体　　重	20~25kg	
价　　格	目前暂无定价	
原 产 地	荷兰	
性格特点	顺从、忠诚	
易患疾病	皮肤病、关节炎	

耐寒性

清洁工具

运动量

60 分钟 × 2

驯养指数

3 判断力
3 易驯养性
3 社会性、协调性
3 友好性
3 健康性
2 适合初学者

　　现存的绝大多数法国水犬的祖先都是贝巴犬（Barbet）。关于贝巴犬的记录可以追溯到 16 世纪，它的被毛很容易脏，需要定期清洗。

Spanish Water Dog

第 8 组

犬种编号 336

西班牙水犬

经常出现在灾难救援现场的水犬，又名佩咯德阿古阿斯犬

中型犬

相天数据		
身 高	38~50cm	
体 重	12~20kg	
价 格	目前暂无定价	
原产地	西班牙	
性格特点	顺从、警惕性强、忠诚	
易患疾病	关节炎、外耳炎、眼疾	

耐寒性

清洁工具

运动量

30 分钟 ×2

驯养指数

4 判断力
5 易驯养性
5 社会性、协调性
3 友好性
3 健康性
3 适合初学者

虽然有时候也作为牧羊犬来使用，不过它最擅长的还是在水中活动。它在西班牙境内非常活跃，可以说是一个万能犬种，最近还被用于灾难救援。

American Water Spaniel

第 8 组

犬种编号 301

美国水犬

也可以作为猎鸟犬和猎兔犬的威士康星州犬种

中型犬

相天数据		
身 高	36~46cm	
体 重	11~20kg	
价 格	目前暂无定价	
原产地	美国	
性格特点	顺从、友好、憨厚	
易患疾病	关节炎、外耳炎	

耐寒性

清洁工具

运动量

30 分钟 ×2

驯养指数

4 判断力
4 易驯养性
3 社会性、协调性
4 友好性
3 健康性
2 适合初学者

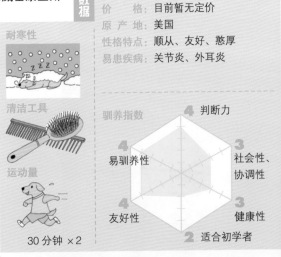

它的祖先是已经绝种的英国水犬（English Water Dog）。这个犬种 1920 年在英国获得认证，1940 年在美国获得认证。

Wetterhoun

韦特豪犬

犬种名称的荷兰语意思是水犬

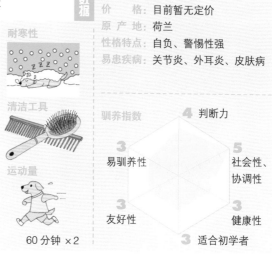

相关数据		
身　高：	53~58cm	
体　重：	15~25kg	
价　格：	目前暂无定价	
原产地：	荷兰	
性格特点：	自负、警惕性强	
易患疾病：	关节炎、外耳炎、皮肤病	

耐寒性

清洁工具

运动量

60 分钟 ×2

驯养指数

判断力　4
社会性、协调性　5
健康性　3
适合初学者　3
友好性　3
易驯养性　3

中型犬

　　虽然没有明确的记载，不过人们普遍都认为它起源于荷兰北部地区，后来又与西班牙水犬（Spanish Waterdog）交配而成。它的名字在荷兰语中的意思就是水犬。

Romagna Water Dog

罗曼娜水犬

著名的水犬，又名拉戈托罗马阁娜

中型犬

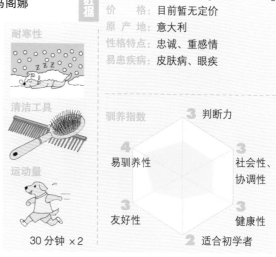

相关数据		
身　高：	雄性 43~48cm、雌性 41~46cm	
体　重：	雄性 13~16kg、雌性 11~14kg	
价　格：	目前暂无定价	
原产地：	意大利	
性格特点：	忠诚、重感情	
易患疾病：	皮肤病、眼疾	

耐寒性

清洁工具

运动量

30 分钟 ×2

驯养指数

判断力　3
社会性、协调性　3
健康性　3
适合初学者　2
友好性　3
易驯养性　4

　　它过去主要用作湿地的猎鸟犬，现在逐渐转向农田。从它的名字就可以看出，这是一个优秀的水犬犬种，也被用于搜救。

JKC 未登记犬种

Welsh Springer Spaniel

第 **8** 组
犬种编号 126

威尔士激飞猎犬

英国最受欢迎的家庭犬

中型犬

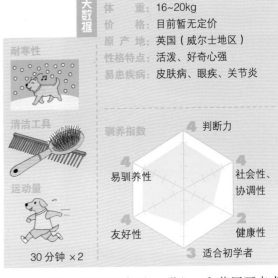

相天数据

身　高	46~48cm
体　重	16~20kg
价　格	目前暂无定价
原产地	英国（威尔士地区）
性格特点	活泼、好奇心强
易患疾病	皮肤病、眼疾、关节炎

耐寒性

清洁工具

运动量

30 分钟 ×2

驯养指数

- 判断力 4
- 社会性、协调性 4
- 健康性 2
- 适合初学者 3
- 友好性 4
- 易驯养性 4

　　它的历史可以追溯到 14 世纪，和英国可卡犬（English Cocker Spaniel）、英国史宾格猎犬等拥有同一个祖先，1570 年获得独立的犬种认证，19 世纪后半期开始频繁地参加世界犬展。

Field Spaniel

第 **8** 组
犬种编号 123

田野猎犬

引以为荣的锦缎般柔软被毛

中型犬

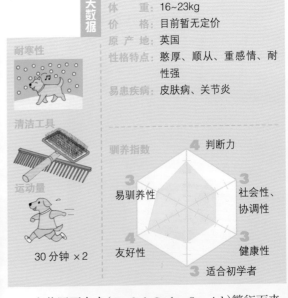

相天数据

身　高	44~48cm
体　重	16~23kg
价　格	目前暂无定价
原产地	英国
性格特点	憨厚、顺从、重感情、耐性强
易患疾病	皮肤病、关节炎

耐寒性

清洁工具

运动量

30 分钟 ×2

驯养指数

- 判断力 4
- 社会性、协调性 3
- 健康性 3
- 适合初学者 3
- 友好性 4
- 易驯养性 3

　　由英国可卡犬（English Cocker Spaniel）繁衍而来，1894 年就在美国获得了犬种认证。1920 年时曾一度销声匿迹，1978 年又再次获得认证。

German Spaniel

德国猎鸟犬

第 **8** 组

犬种编号
104

德国目前最常见的猎鸟犬，又名德国鹌鹑犬

相关数据

身体	高	45~54cm
	重	约20kg
价格		目前暂无定价
原产地		德国
性格特点		胆小、忠诚、重感情
易患疾病		关节炎、皮肤病

耐寒性

清洁工具

运动量

30 分钟 × 2

中型犬

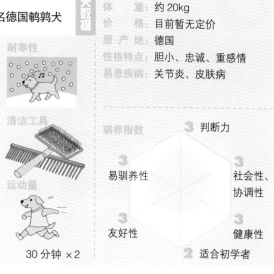

驯养指数

判断力 3

易驯养性 3

社会性、协调性 3

友好性 3

健康性 3

适合初学者 2

1903 年就获得了犬种认证。在美国被称为"德国猎犬"，并且越来越受欢迎。它还有一个名字叫瓦切特尔享德犬，德语的意思是鹌鹑犬。

Lowchen

罗秦犬

第 **9** 组

犬种编号
233

可爱的伴侣犬，英文名字是小狮子犬

相关数据

身体	高	25~33cm
	重	4~8kg
价格		目前暂无定价
原产地		法国
性格特点		好强、活泼、冷静、顽固
易患疾病		皮肤病、过敏

耐寒性

清洁工具

运动量

30 分钟 × 2

小型犬

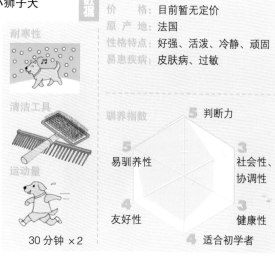

驯养指数

判断力 5

易驯养性 5

社会性、协调性 3

友好性 4

健康性 3

适合初学者 4

这是古代欧洲的犬种，中世纪时曾经是美术作品的素材，深受贵妇们的喜爱。后来曾一度变成稀有犬种，近年来数量又开始多了起来。

JKC 未登记犬种

第9组

犬种编号
250

Havanese

哈威那犬

深受古巴上流阶层的喜爱，又名卷毛狮子犬

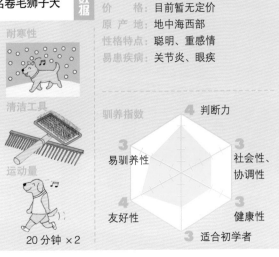

相关数据

身　高：	28~32cm
体　重：	3~6kg
价　格：	目前暂无定价
原产地：	地中海西部
性格特点：	聪明、重感情
易患疾病：	关节炎、眼疾

耐寒性

清洁工具

运动量

20 分钟 ×2

驯养指数

4 判断力
3 社会性、协调性
3 健康性
3 适合初学者
4 友好性
3 易驯养性

小型犬

关于它的历史没有明确的记载，最普遍的观点是它起源于欧洲地中海西部，随着西班牙人一起传入古巴，后来又与美国的小型犬交配而成。1995 年得到美国育犬协会（AKC）的认证。

第9组

犬种编号
283

Coton de Tulear

棉花面纱犬

擅长游泳的马达加斯加玩具犬

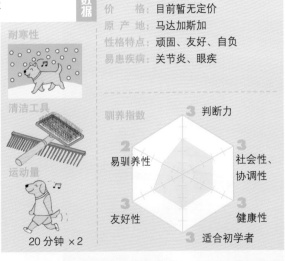

相关数据

身　高：	25~30cm
体　重：	5.5~7kg
价　格：	目前暂无定价
原产地：	马达加斯加
性格特点：	顽固、友好、自负
易患疾病：	关节炎、眼疾

耐寒性

清洁工具

运动量

20 分钟 ×2

驯养指数

3 判断力
3 社会性、协调性
3 健康性
3 适合初学者
3 友好性
2 易驯养性

小型犬

这个犬种原产于马达加斯加，它擅长游泳并拥有棉花一般的柔软被毛，所以传入法国之后被叫做棉花面纱犬。它的性格与表面感觉差异较大，顽固、警惕性很强。

Kromfohrlander

克罗姆费兰德犬

犬种编号 192

原产于德国的优秀家庭犬

中型犬

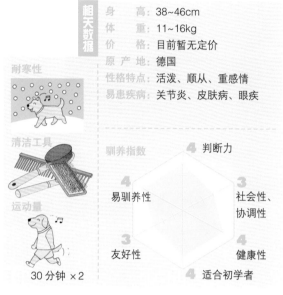

相关数据		
身 高：	38~46cm	
体 重：	11~16kg	
价 格：	目前暂无定价	
原 产 地：	德国	
性格特点：	活泼、顺从、重感情	
易患疾病：	关节炎、皮肤病、眼疾	

耐寒性

清洁工具

运动量

30 分钟 ×2

驯养指数

4 判断力
4 易驯养性
3 社会性、协调性
3 友好性
4 健康性
4 适合初学者

在 1945 年由格里芬犬（Griffon Dog）和猎狐梗犬（Fox Terrier）交配而成，1955 年得到 FCI 的认证。有卷毛和平毛两种毛质。

Russian Toy Terrier

俄罗斯玩具犬

犬种编号 148

优雅的步伐非常惹人喜爱

小型犬

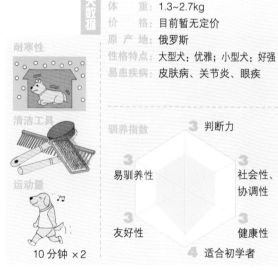

相关数据		
身 高：	20~36cm	
体 重：	1.3~2.7kg	
价 格：	目前暂无定价	
原 产 地：	俄罗斯	
性格特点：	大型犬：优雅；小型犬：好强	
易患疾病：	皮肤病、关节炎、眼疾	

耐寒性

清洁工具

运动量

10 分钟 ×2

驯养指数

3 判断力
3 易驯养性
3 社会性、协调性
3 友好性
3 健康性
4 适合初学者

和其他的梗犬一样，它的祖先也是英国数百年之前的黑褐梗犬（Black and Tan Terrier）。1990 年开始受到爱犬人士的关注，数量迅速增加，有长毛和平毛两种。

JKC 未登记犬种

201

第10组

犬种编号 148

Sloughi
斯卢夫猎犬

拥有超常的视力及奔跑速度的优秀猎犬

大型犬

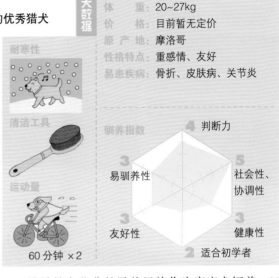

相关数据	
身 高：	61~72cm
体 重：	20~27kg
价 格：	目前暂无定价
原产地：	摩洛哥
性格特点：	重感情、友好
易患疾病：	骨折、皮肤病、关节炎

耐寒性

清洁工具

运动量
60 分钟 ×2

驯养指数

判断力 4
易驯养性 3
社会性、协调性 5
友好性 3
健康性 3
适合初学者 2

最早是由北非的游牧民族作为家庭犬饲养。20世纪初曾一度濒临灭绝，在 1960 年的繁殖计划后数量又开始回升，不过一直都属于稀有的犬种。

第10组

犬种编号 164

Deerhound
猎鹿犬

古时候的捕鹿能手，又名苏格兰猎鹿犬

大型犬

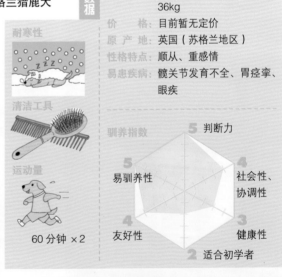

相关数据	
身 高：	雄性76cm以上、雌性71cm以上
体 重：	雄性 38~47kg；雌性 29.5~36kg
价 格：	目前暂无定价
原产地：	英国（苏格兰地区）
性格特点：	顺从、重感情
易患疾病：	髋关节发育不全、胃痉挛、眼疾

耐寒性

清洁工具

运动量
60 分钟 ×2

驯养指数

判断力 5
易驯养性 5
社会性、协调性 4
友好性 4
健康性 3
适合初学者 2

它起源于苏格兰的高地地区，最初被用于捕捉野鹿。曾一度濒临灭绝，不过在 1948 年的世界名犬赛中脱颖而出，重新获得了人们的重视和喜爱。

Azawakh
阿沙瓦犬
奔跑在撒哈拉沙漠上的优秀猎犬

第**10**组
犬种编号
307

大型犬

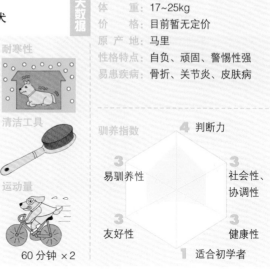

身	高	：58~74cm
体	重	：17~25kg
价	格	：目前暂无定价
原 产 地		：马里
性格特点		：自负、顽固、警惕性强
易患疾病		：骨折、关节炎、皮肤病

耐寒性

清洁工具

运动量

60 分钟 ×2

驯养指数

4 判断力
3 易驯养性
3 社会性、协调性
3 友好性
3 健康性
1 适合初学者

　　这个犬种的起源至今仍是个谜，不过普遍认为它最早起源于撒哈拉沙漠的南部地区。它拥有非凡的奔跑速度，是狩猎的高手，1981 年得到 FCI 的认证。

Spanish Greyhound
西班牙灵缇犬
拥有简练外形和非凡奔跑速度，又名西班牙艾斯潘犬

第**10**组
犬种编号
285

大型犬

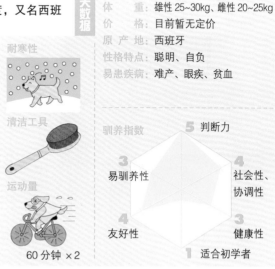

身	高	：雄性 62~70cm、雌性 60~68cm
体	重	：雄性 25~30kg、雌性 20~25kg
价	格	：目前暂无定价
原 产 地		：西班牙
性格特点		：聪明、自负
易患疾病		：难产、眼疾、贫血

耐寒性

清洁工具

运动量

60 分钟 ×2

驯养指数

5 判断力
3 易驯养性
4 社会性、协调性
4 友好性
3 健康性
1 适合初学者

　　灵缇犬最早是在古罗马时代由罗马人驯养，不过在西班牙境内的影响也很大。它现在仍然被用于捕捉野兔、狐狸或者野猪。

JKC 未登记犬种

相天数据

相天数据

第 10 组

犬种编号 148

Polish Greyhound
波兰灵缇犬
稳健型猎犬的代表，又名查特波斯凯犬

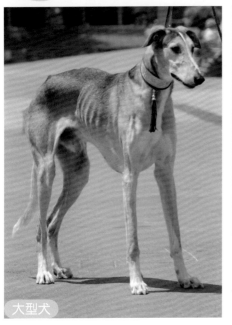

大型犬

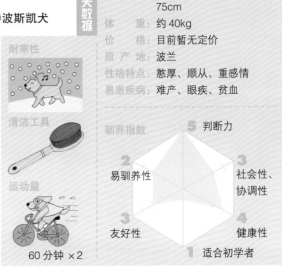

相天数据		
身 高：	雄性 70~80cm、雌性 68~75cm	
体 重：	约 40kg	
价 格：	目前暂无定价	
原产地：	波兰	
性格特点：	憨厚、顺从、重感情	
易患疾病：	难产、眼疾、贫血	

耐寒性

清洁工具

运动量 60 分钟 ×2

驯养指数
- 判断力 5
- 社会性、协调性 3
- 健康性 4
- 适合初学者 1
- 友好性 3
- 易驯养性 2

　　它最早也是由原产于亚洲的猎犬繁衍而来，在 1690 年才开始在波兰境内有详细的记录。虽然它的性格比较温和，不过还是不适合在城市中饲养。

第 10 组

犬种编号 148

Hungarian Greyhound
匈牙利灵缇犬
原产于匈牙利的优秀猎犬，又名马扎尔犬

大型犬

相天数据		
身 高：	雄性 65~70cm、雌性 62~67cm	
体 重：	雄性约 30kg、雌性约 25kg	
价 格：	目前暂无定价	
原产地：	匈牙利	
性格特点：	聪明、顺从、忠诚	
易患疾病：	难产、眼疾、关节炎	

耐寒性

清洁工具

运动量 60 分钟 ×2

驯养指数
- 判断力 4
- 社会性、协调性 4
- 健康性 4
- 适合初学者 1
- 友好性 3
- 易驯养性 3

　　它由生活在中亚乌拉尔山脉的马扎尔民族在 9 世纪时带入匈牙利，19 世纪开始与其他的猎犬交配并繁衍至今。

Anerican Hairless Terrier

美洲无毛梗犬

产于美国的新型无毛梗犬

小型犬

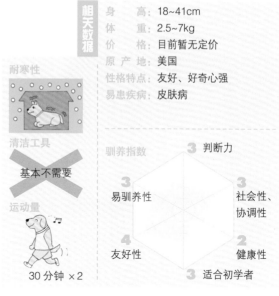

相关数据		
身 高：	18~41cm	
体 重：	2.5~7kg	
价 格：	目前暂无定价	
原产地：	美国	
性格特点：	友好、好奇心强	
易患疾病：	皮肤病	

耐寒性

清洁工具

基本不需要

运动量

30 分钟 ×2

驯养指数

判断力 3
易驯养性 3
社会性、协调性 3
友好性 4
健康性 2
适合初学者 3

　　这是一个全新的犬种,由美国捕鼠梗犬(American Rat Terrier)繁衍而来。虽然还没有得到 FCI 的认证,不过在 2004 年 1 月 1 日已经获得了美国育犬协会(AKC)的认证。

American Bulldog

美国斗牛犬

机警勇敢、爱憎分明的斗牛犬

大型犬

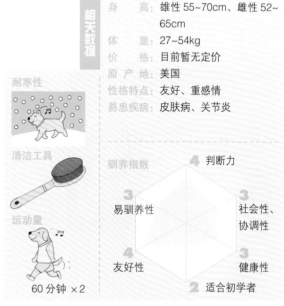

相关数据		
身 高：	雄性 55~70cm、雌性 52~65cm	
体 重：	27~54kg	
价 格：	目前暂无定价	
原产地：	美国	
性格特点：	友好、重感情	
易患疾病：	皮肤病、关节炎	

耐寒性

清洁工具

运动量

60 分钟 ×2

驯养指数

判断力 4
易驯养性 3
社会性、协调性 3
友好性 4
健康性 3
适合初学者 2

　　虽然它的祖先也是英国斗牛犬(English Bulldog),但是与四肢短小、性格温和的传统斗牛犬相比,它的四肢较长,也相对凶猛,不过性格正逐渐向温和转变。

Praszky Krysavik

布拉格瑟瑞克犬

比吉娃娃犬还小的超小型犬

小型犬

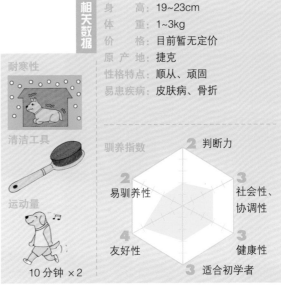

相关数据		
身 高：	19~23cm	
体 重：	1~3kg	
价 格：	目前暂无定价	
原产地：	捷克	
性格特点：	顺从、顽固	
易患疾病：	皮肤病、骨折	

耐寒性

清洁工具

运动量

10 分钟 ×2

驯养指数

判断力 2
社会性、协调性 3
健康性 3
适合初学者 3
友好性 4
易驯养性 2

这个犬种还没有得到 FCI 的认证，在捷克、斯洛伐克以外的地区也基本见不到。1980 年开始大量繁殖，如果得到 FCI 的认证，将替代吉娃娃犬成为全世界最小的犬种。

Bohemian Spotted Dog

波西米亚斑点犬

原产于波西米亚的优秀犬种

中型犬

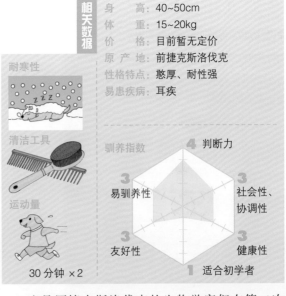

相关数据		
身 高：	40~50cm	
体 重：	15~20kg	
价 格：	目前暂无定价	
原产地：	前捷克斯洛伐克	
性格特点：	憨厚、耐性强	
易患疾病：	耳疾	

耐寒性

清洁工具

运动量

30 分钟 ×2

驯养指数

判断力 4
社会性、协调性 3
健康性 3
适合初学者 1
友好性 3
易驯养性 3

这是原捷克斯洛伐克的生物学家们在第二次世界大战之后培育出的新犬种，它由德国牧羊犬（German Shepherd Dog）、斯洛伐克楚维卡犬（Slovakian Chuvach）及其他一些猎犬、梗犬等杂交而成。

FCI 未公认犬种

Moscow Guardian Mastiff

莫斯科护卫犬

总是处于警备状态、值得信赖的犬种

大型犬

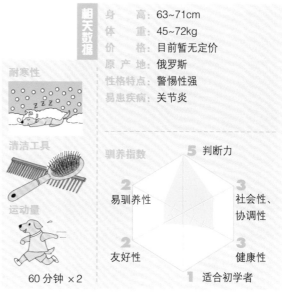

相关天数据		
身　高：	63~71cm	
体　重：	45~72kg	
价　格：	目前暂无定价	
原产地：	俄罗斯	
性格特点：	警惕性强	
易患疾病：	关节炎	

耐寒性

清洁工具

运动量

60 分钟 ×2

驯养指数

- 判断力 5
- 社会性、协调性 3
- 健康性 3
- 适合初学者 1
- 友好性 2
- 易驯养性 2

第二次世界大战之后，原苏联为了提高军队的作战能力，用高加索牧羊犬（Caucasian Sheepdog）和圣伯纳犬（Saint Bernard）交配而成。1960 年左右，这个犬种才开始稳定地繁殖，还没有得到 FCI 的认证。

Pastor Garafiano

巴斯特加利亚诺犬

原产于加那利群岛的优秀牧羊犬

大型犬

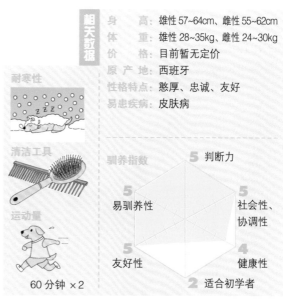

相关天数据		
身　高：	雄性 57~64cm、雌性 55~62cm	
体　重：	雄性 28~35kg、雌性 24~30kg	
价　格：	目前暂无定价	
原产地：	西班牙	
性格特点：	憨厚、忠诚、友好	
易患疾病：	皮肤病	

耐寒性

清洁工具

运动量

60 分钟 ×2

驯养指数

- 判断力 5
- 社会性、协调性 5
- 健康性 4
- 适合初学者 2
- 友好性 5
- 易驯养性 5

这是原产于加那利岛的古老犬种。它的祖先是法国大陆的犬种，不过后来受欧洲牧羊犬的影响很大。2004 年在西班牙得到认证。

FCI 未公认犬种

Ryukyu
琉球犬
原产于冲绳地区的古老犬种

中型犬

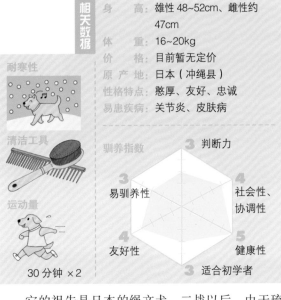

相关数据		
身　高：	雄性 48~52cm、雌性约 47cm	
体　重：	16~20kg	
价　格：	目前暂无定价	
原产地：	日本（冲绳县）	
性格特点：	憨厚、友好、忠诚	
易患疾病：	关节炎、皮肤病	

耐寒性

清洁工具

运动量
30 分钟 ×2

驯养指数

判断力 3
社会性、协调性 4
健康性 5
适合初学者 3
友好性 4
易驯养性 3

它的祖先是日本的绳文犬。二战以后，由于琉球犬的数量迅速减少，所以日本政府决定在冲绳岛北部和八重山等地区进行人工繁殖，2003 年恢复到 800 只。1995 年被冲绳县指定为天然纪念物。

Podenco Andaluz
波丹克安达鲁兹犬
原产于西班牙的古老犬种

小型犬　中型犬　大型犬

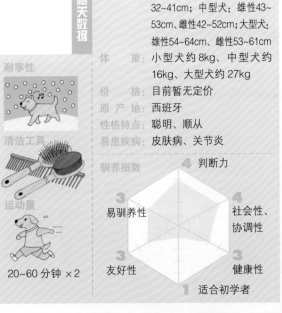

相关数据		
身　高：	小型犬：雄性35~42cm、雌性32~41cm；中型犬：雄性43~53cm、雌性42~52cm；大型犬：雄性54~64cm、雌性53~61cm	
体　重：	小型犬约 8kg、中型犬约 16kg、大型犬约 27kg	
价　格：	目前暂无定价	
原产地：	西班牙	
性格特点：	聪明、顺从	
易患疾病：	皮肤病、关节炎	

耐寒性

清洁工具

运动量
20~60 分钟 ×2

驯养指数

判断力 4
社会性、协调性 4
健康性 3
适合初学者 1
友好性 3
易驯养性 3

由于没有文字的记载，所以很难清楚地了解它的起源和历史，只知道它是产自古代的地中海沿岸，被当地的人们用作猎犬。它分为大型、中型、小型三种，被毛的颜色也略有差异。

Markiesje
马吉尔森犬
原产于荷兰的寻猎犬

小型犬

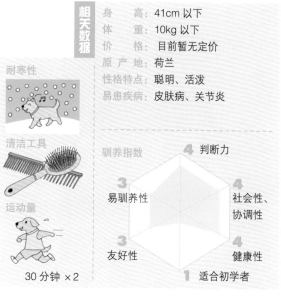

相天数据	身 高：	41cm 以下
	体 重：	10kg 以下
	价 格：	目前暂无定价
	原 产 地：	荷兰
	性格特点：	聪明、活泼
	易患疾病：	皮肤病、关节炎

耐寒性

清洁工具

运动量

30 分钟 × 2

驯养指数

4 判断力
3 易驯养性
4 社会性、协调性
3 友好性
4 健康性
1 适合初学者

　　它最早产于古代的荷兰农场，直到第二次世界大战后才开始有关于它文字的记载。虽然还没有得到FCI 的认证，不过在荷兰境内却非常有名。

Lancashier Heeler
兰开夏赫勒犬
梗犬与柯基犬的混血儿

小型犬

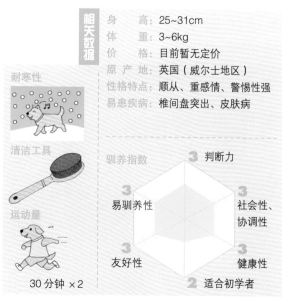

相天数据	身 高：	25~31cm
	体 重：	3~6kg
	价 格：	目前暂无定价
	原 产 地：	英国（威尔士地区）
	性格特点：	顺从、重感情、警惕性强
	易患疾病：	椎间盘突出、皮肤病

耐寒性

清洁工具

运动量

30 分钟 × 2

驯养指数

3 判断力
3 易驯养性
3 社会性、协调性
3 友好性
3 健康性
2 适合初学者

　　威尔士地区的农户长期以来一直把它当成家畜来饲养，它是曼彻斯特梗犬（Manchester Terier）和威尔士柯基犬交配而成的犬种。在 1981 年获得英国养犬俱乐部（KC）的认证，不过还未得到 FCI 的认证。

Kawakamiinu
川上犬
原产于长野县川上村的古老犬种

中型犬

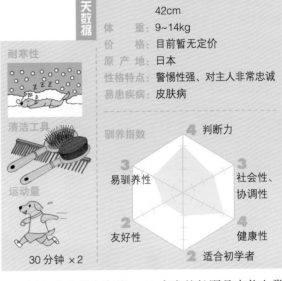

相关数据		
身　高：	雄性 38~45cm、雌性 25~42cm	
体　重：	9~14kg	
价　格：	目前暂无定价	
原产地：	日本	
性格特点：	警惕性强、对主人非常忠诚	
易患疾病：	皮肤病	

耐寒性

清洁工具

运动量

30 分钟 ×2

驯养指数

- 4 判断力
- 3 社会性、协调性
- 4 健康性
- 2 适合初学者
- 2 友好性
- 3 易驯养性

　　川上犬生长在海拔 1000 多米的长野县南佐久郡川上村。因为长期与外界隔绝，所以它的起源及历史也很难考证。有些人说它是柴犬（Shiba）的后代，也有些人说它是现在已经灭绝的日本神犬的后代。

Bruno Saint-Hubert Francais
布鲁诺斯于贝尔猎犬
最著名的瑞士猎犬

中型犬

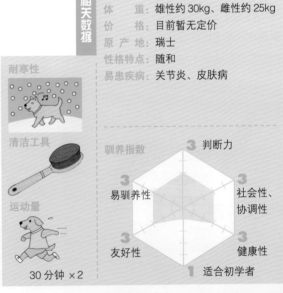

相关数据		
身　高：	雄性约 54cm、雌性约 45cm	
体　重：	雄性约 30kg、雌性约 25kg	
价　格：	目前暂无定价	
原产地：	瑞士	
性格特点：	随和	
易患疾病：	关节炎、皮肤病	

耐寒性

清洁工具

运动量

30 分钟 ×2

驯养指数

- 3 判断力
- 3 社会性、协调性
- 3 健康性
- 1 适合初学者
- 3 友好性
- 3 易驯养性

　　用瑞士猎犬中的布鲁诺犬（Bruno）与斯于贝尔犬（Saint-Hubert）交配后得到的犬种，它最早出现在瑞士与法国的边境地区，普遍认为与现已消失的法国的古老犬种有密切关系。

Swiss Hownd（Jura Hownd）
瑞士猎犬（汝拉猎犬）
拥有非凡的狩猎能力

中型犬

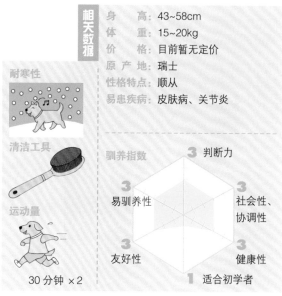

FCI 未公认犬种

先天数据	
身 高	43~58cm
体 重	15~20kg
价 格	目前暂无定价
原产地	瑞士
性格特点	顺从
易患疾病	皮肤病、关节炎

耐寒性

清洁工具

运动量 30 分钟 ×2

驯养指数

判断力 3
社会性、协调性 3
健康性 3
适合初学者 1
友好性 3
易驯养性 3

　　瑞士猎犬的一种，按照体重可以分为布鲁诺犬（Bruno）与斯于贝尔犬（Saint-Hubert）两种。1500年左右起源于法国境内的汝拉山脉地区，是瑞士猎犬中最具代表性的犬种。

American Rat Terrier
美国捕鼠梗犬
捕捉老鼠的高手

小型犬　中型犬

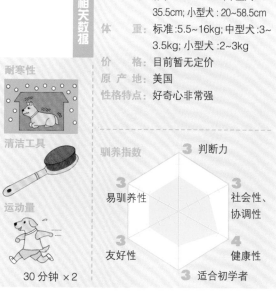

先天数据	
身 高	标准:35.5~58.5cm;中型犬:20~35.5cm;小型犬 : 20~58.5cm
体 重	标准:5.5~16kg;中型犬:3~3.5kg; 小型犬 :2~3kg
价 格	目前暂无定价
原产地	美国
性格特点	好奇心非常强

耐寒性

清洁工具

运动量 30 分钟 ×2

驯养指数

判断力 3
社会性、协调性 3
健康性 3
适合初学者 3
友好性 3
易驯养性 3

　　1820 年在英国由猎狐梗犬（Fox Terrier）和曼彻斯特梗犬（Manchester Terrier）交配而成，1890 年后传入美国，又经过与小猎犬（Beagle）、意大利灵缇犬等犬种的多次交配，才得到了现在的美国捕鼠梗犬。

第 1 组

犬种编号
351

Australian Stumpy Tail Cottle Dog

澳大利亚粗短尾牧牛犬

FCI 最新认证的犬种

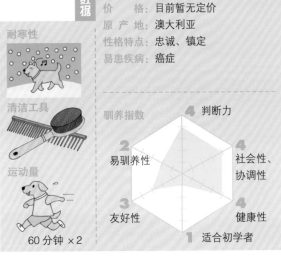

相天数据		
身　高	44~51cm	
体　重	16~23kg	
价　格	目前暂无定价	
原 产 地	澳大利亚	
性格特点	忠诚、镇定	
易患疾病	癌症	

中型犬

耐寒性

清洁工具

运动量
60 分钟 ×2

驯养指数
判断力 4
社会性、协调性 4
健康性 4
适合初学者 1
友好性 3
易驯养性 2

　　1988 年获得澳大利亚犬业理事会（NACC）的认证，2005 年获得 FCI 认证。具有纯正的澳大利亚血统，在当地又被称为蓝色赫勒犬（Bule Heller）。

Daitou Dog

大东犬

濒临灭绝的日本犬种

小型犬

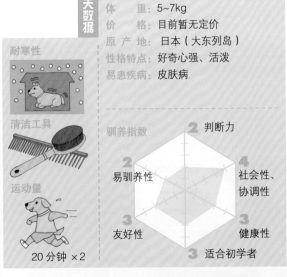

相天数据		
身　高	25~30cm	
体　重	5~7kg	
价　格	目前暂无定价	
原 产 地	日本（大东列岛）	
性格特点	好奇心强、活泼	
易患疾病	皮肤病	

耐寒性

清洁工具

运动量
20 分钟 ×2

驯养指数
判断力 2
社会性、协调性 4
健康性 3
适合初学者 3
友好性 3
易驯养性 2

　　这是一个大约在 100 年前被引进日本的犬种，至今还未获得 FCI 的认证。它的特点是四肢短小并且只能在海岛的环境中生存，据说这是血统纯正的表现。现在，大东犬的数量正在迅速减少，所以日本政府也正在考虑将它们的饲养区域扩大到冲绳等地区。

北海道犬

四国犬

你了解日本犬吗？

在日本，以柴犬为代表，包括北海道犬、秋田犬、甲斐犬、纪州犬、四国犬在内的 6 个犬种已经被指定为天然纪念物，我很庆幸至今还能够见到它们的身影。可实际上，日本的古老犬种还有很多很多，遗憾的是它们中的大部分已经灭绝，只有少数几种流传至今。

文／藤原尚太郎

濒临灭绝的日本犬

最近在日本，不仅是我们将要提到的犬类，就连牛、马等普通的家畜都在濒临灭绝。随着国外品种的增加，日本国产的家畜数量已经少之又少。犬类更是这样，外国犬种的人气提高必然会冲击到本来就已经很稀有的日本国产犬种。据JKC（日本犬业俱乐部）

1999~2007年的数据统计，柴犬、秋田犬、甲斐犬这三种犬类每年的新增数量都不会超过1万，而其他的国产犬种就更是少得可怜，有的其至每年只新增几只。

从JKC的数据来看，日本犬确实已经到了濒临绝种的地步，所以在日本各地开展犬种繁殖计划也变得越来越重要。当然，也有像川上犬这样数量较多、较为常见的犬种，可毕竟是少数。而且，随着饲养主

川上犬

人的老龄化，也很难去控制它们的纯正血统。

话说回来，濒临绝种危机的主要还是那些不是十分知名的地方犬。在日本的各个地区有很多名贵的犬种，如果就这样任其消亡，对于爱犬人士来说真的是莫大的遗憾。

还有被指定为天然纪念物的四国犬、北海道犬，虽然它们的数量在减少，可是在参加国际犬展的时候却仍然备受欢迎，人气指数甚至与柴犬、秋田犬不相上下，它们的消亡很可能会成为全世界爱犬者的伤痛。

雌性的琉球犬（冲绳县儿童乐园）

琉球犬，独特的赤色被毛

日本犬需要得到保护与支持

现在，被指定为天然纪念物的 6 个犬种都已经成立了各自的保护协会和爱犬协会，使其血统得到了严格的控制，数量也在逐渐上升。比如冲绳县的琉球犬、山阴地区的山阴柴犬、群马县上野村的十国犬、岩手县的岩手犬等。但是大部分的日本地方犬还是没有得到保护。

关于犬种保护最成功的例子就是琉球犬。琉球犬在 1990 年就设立了保护协会，后来数量顺利地上升，并且被指定为冲绳县的天然纪念物，现在已经脱离了绝种的危机。

不过，在冲绳大部分地区还是很少看到它们的身影。如果想一睹它的身姿，要到冲

大东犬

绳县的儿童乐园。在那里你可以看到非常稀有的赤色琉球犬。此外就是在冲绳岛的北部地区，很多家庭都在饲养琉球犬，它们已经被用来看守家畜。

冲绳县还有一个著名的犬种，那就是大东犬。大东犬主要集中在南大东岛，是在古时候随着人们移民过去的。它的四肢短小，面部特征很符合日本犬的特点。它是一个还不被人所熟识的可爱犬种，也正面临绝种的危机，现存的大东犬年龄都已经很大。

不过，前一段时间我们也听到关于大东犬的好消息。绝种问题的关键在于缺少雌性的大东犬。2005年，有人曾经从南大东岛带回两只大东犬，饲养在冲绳岛的家中，后来主人又把它们赠送给了住在鹿儿岛县德之岛的朋友。再后来，德之岛的两只大东犬生出了两只幼犬，朋友又把它们回赠给冲绳岛的主人。现在，这位主人已经把两只雌性的幼犬带到南大东岛，希望繁殖计划能够成功。

只能留在主人回忆中的犬种

其实，在日本的各个地区，还存在着很多的犬种。它们因为没有受到人们的重视而悄悄地消亡了。比如山形县的高安犬、宫城县的仙台犬和越路犬、福岛县的会津犬、石川县的前田犬（加贺犬）以及富山县、石川县、福井县的越犬等等。这些犬种现在都已经不复存在，可是在很多地方都留下了它们的足迹，而现在人们只能通过石雕去怀念它们。

富士县曾经有个叫做越犬的犬种，1965年就被认定为该县的代表动物，1997年还被

越犬的石雕

柴犬
人们在日本爱媛县的黑岩遗址中发现了与它极为相似的犬类骨骼，所以普遍认为它起源于绳文时代。虽然也有其他的观点，不过无一能否定它是一个古老的犬种。1937年被指定为日本的天然纪念物。

秋田犬
它的祖先本来是中型犬，19世纪后半期，在与大丹犬（Great Dane）、土佐犬（Tosa）等交配之后逐渐变成大型犬。这是日本的代表性犬种，在国际上知名度都非常高，1931年被指定为日本的天然纪念物。

甲斐犬
在古代甲斐国（现在的日本山梨县）的山岳地带，它主要被用来狩猎野猪、野鹿和野兔。1934年成为首个被指定为天然纪念物的日本中型犬。

上图是柴犬、右下是高安犬、左下是位于山形县的犬宫

指定为日本的天然纪念物，可是后来却因为没有保护好而灭绝。类似的情况还有富山县的立山犬、福野县的能登犬等。

虽然现在人们已经看不到它们的身影，不过在富山县还留存着越犬的石雕。这是主人为了纪念它而按照记忆雕成的。遗憾的是，由于长时间没人看管，石雕的耳朵已经断裂，

身体也已经被风化，不过还是能够看出立耳、长口吻等日本犬的特征。

山形县猎犬以及因为小说《高安物语》而闻名的高安犬，它们都属于中型犬，可是现在人们却只能从旧照片中看到它们的样子。在山形县东置赐郡高安地区还有专门为高安犬修筑的犬宫，整体感觉和《高安物语》中

的描写很相符。

日本犬的过去与未来

如前所述，虽然一些犬种在爱犬人士的努力下数量已经有所恢复，可遗憾的是更多的犬种还是消亡了。早在 13000 年前的绳文时代，犬类就开始帮助人们进行一些农耕活动。在考古遗迹中人们还发现了与柴犬非常相似的犬类骨骼，足以证明它是原产自日本的古老犬种。当然，后来随着佛教等传入日本，僧人们也带来了很多国外的犬种，它们和日本犬交配，形成了纪州犬等大型犬。

根据对犬类 DNA 的研究发现，琉球犬与北海道犬有较近的血缘关系，而本州地区的日本犬则与朝鲜、蒙古的犬种有血缘关系。

为了培育出一个优秀的犬种，需要引进很多血统。也就是说，只要最基础的犬种还在，那么即使犬种已经灭绝还是能够通过反复的努力重新培育出来。

可是，现在日本犬的状况是基础犬种的数量也在不断减少，这对于犬种的延续来说就造成很大困难。日本的各个地区都有类似的情况，不过值得庆幸的是，有志于保护犬种的人士也在逐年增加。

纪州犬
这是日本古代犬种的后代，主要生长在和歌山县、三重县一带的山林地区。最早是用来狩猎野猪、野鹿的猎犬，现在已逐渐变成家庭犬。1934 年被指定为日本的天然纪念物。

四国犬
它能够帮助猎人捕捉野鹿或者野熊，由于一直生长在险峻的山林地区，与其他犬种接触的机会很少，所以保证了它的纯正血统。1937 年被指定为日本的天然纪念物。

北海道犬（阿依努犬）
它的祖先是由阿依努人从东北地区被带到北海道地区，主要被用于狩猎野熊，所以也被称为阿依努犬。1937 年被指定为日本的天然纪念物。

FCI（国际畜犬联盟）认证犬种名录

分组	犬种名称	犬种编号	原产地	所在页码
第1组	比利时牧羊犬			
	比利时格罗安达牧羊犬			88
	比利时拉坎诺斯牧羊犬	15	比利时	128
	比利时马利诺斯牧羊犬			100
	比利时特弗伦牧羊犬			82
第1组	古代英国牧羊犬	16	英国	79
第1组	卡狄根威尔士柯基犬	38	英国	79
第1组	彭布罗克威尔士柯基犬	39	英国	30
第1组	大型法国狼犬	44	法国	127
第1组	可蒙犬	53	匈牙利	113
第1组	库瓦兹犬	54	匈牙利	118
第1组	波利犬	55	匈牙利	91
第1组	波密犬	56	匈牙利	113
第1组	舒伯齐犬	83	比利时	92
第1组	加泰罗尼亚牧羊犬	87	西班牙	123
第1组	喜乐蒂牧羊犬	88	英国	43
第1组	葡萄牙牧羊犬	93	葡萄牙	130
第1组	伯瑞犬	113	法国	125
第1组	平毛脸比利牛斯牧羊犬	138	法国	129
第1组	比利牛斯牧羊犬	141	法国	117
第1组	斯洛伐克楚维卡犬	142	前捷克斯洛伐克	122
第1组	粗毛柯利犬	156	英国（苏格兰地区）	86
第1组	德国牧羊犬	166	德国	61
第1组	阿登牧牛犬	171	比利时	120
第1组	皮卡第牧羊犬	176	法国	130
第1组	法兰德斯牧牛犬	191	比利时（法兰德斯地区）	110
第1组	贝加马斯卡牧羊犬	194	意大利	124
第1组	马瑞马安布卢斯牧羊犬	201	意大利	123
第1组	荷兰牧羊犬	223	荷兰	121
第1组	牧迪犬	238	匈牙利	126
第1组	波兰低地牧羊犬	251	波兰	89
第1组	泰托拉牧羊犬	252	波兰	122
第1组	长须柯利犬	271	英国（苏格兰地区）	85
第1组	克罗地亚牧羊犬	277	克罗地亚	126
第1组	澳大利亚牧羊犬	287	澳大利亚	92
第1组	澳大利亚凯尔皮犬	293	澳大利亚	103
第1组	短毛柯利牧羊犬	296	英国	120
第1组	边境牧羊犬	297	英国（苏格兰地区）	42
第1组	萨卢斯狼犬	311	荷兰	128
第1组	斯恰潘道斯犬	313	荷兰	125
第1组	西班牙牧羊犬	321	西班牙	
第1组	俄罗斯南部牧羊犬	326	俄罗斯	124
第1组	捷克斯洛伐克狼犬	332	原捷克斯洛伐克（斯洛伐克）	129
第1组	考迪菲勒得绍迈谷犬	340	葡萄牙（亚速尔群岛）	127
第1组	澳大利亚牧羊犬	342	美国	76
第1组	白色瑞士牧羊犬	347	瑞士	106
第1组	罗马尼亚牧羊犬	349	罗马尼亚	131
第1组	罗马尼亚喀尔巴阡山脉牧羊犬	350	罗马尼亚	
第1组	澳大利亚粗毛短尾牧牛犬	351	澳大利亚	212
第2组	萨普尼那克犬	41	前南斯拉夫	142
第2组	伯恩山地犬	45	瑞士	49
第2组	阿彭策尔牧牛犬	46	瑞士	140
第2组	恩特雷布赫牧牛犬	47	瑞士	139
第2组	纽芬兰犬	50	加拿大（纽芬兰岛）	75
第2组	大瑞士山地犬	58	瑞士	139
第2组	圣伯纳犬	61	瑞士	73
第2组	澳大利亚短毛宾莎犬	64	奥地利	141
第2组	西班牙獒犬	91	西班牙	131
第2组	比利牛斯獒犬	92	西班牙	116
第2组	阿兰多獒犬	96	葡萄牙	136
第2组	波尔多红獒犬	116	法国	102
第2组	比利牛斯山地犬	137	法国（比利牛斯山地区）	62
第2组	杜宾犬	143	德国	60
第2组	德国拳师犬	144	德国	65
第2组	莱昂贝格犬	145	德国	85
第2组	罗威纳犬	147	德国	70
第2组	西部高地白梗犬	149	英国	46
第2组	斗牛獒犬	157	英国	96
第2组	卡斯特罗拉博雷罗犬	170	葡萄牙	134
第2组	埃什特雷拉山地犬	173	葡萄牙	136
第2组	巨型雪纳瑞犬	181	德国	98
第2组	雪纳瑞犬	182	德国	103
第2组	迷你雪纳瑞犬	183	德国	29
第2组	德国宾莎犬	184	德国	140
第2组	迷你宾莎犬	185	德国	37
第2组	艾芬宾莎犬	186	德国	98
第2组	霍夫瓦尔特犬	190	德国	137
第2组	那不勒斯獒犬	197	意大利	87
第2组	巴西獒犬	225	巴西	132
第2组	兰西尔犬	226	德国/瑞士	138
第2组	西藏獒犬	230	中国（西藏地区）	132
第2组	大丹犬	235	德国	67
第2组	艾迪犬	247	摩洛哥	141
第2组	马略卡獒犬	249	西班牙（巴利阿里群岛）	134
第2组	土佐犬（土佐斗犬）	260	日本（高知县）	111

分组	犬种名称	犬种编号	原产地	所在页码
第5组	四国犬	319	日本（高知县的山岳地区）	112
第5组	加纳利猎犬	329	西班牙	148
第5组	韩国金刀犬	334	韩国	160
第5组	泰国脊背犬	338	泰国	112
第5组	大日本犬	344	美国	107
第5组	台湾犬	348	中国（台湾地区）	
第6组	格里芬尼韦奈犬	17	法国	163
第6组	中型格里芬狩猎犬	19	法国	165
第6组	阿里埃日犬	20	法国	161
第6组	大加斯科涅圣东基犬	21	法国	162
第6组	小加斯科尼圣东基犬	21	法国	160
第6组	大加斯科涅猎犬	22	法国	166
第6组	普瓦图犬	24	法国	165
第6组	比利犬	25	法国	
第6组	阿图瓦犬	28	法国	
第6组	瓷器犬	30	法国	181
第6组	小加斯科涅猎犬	31	法国	166
第6组	格里芬加斯科涅小蓝犬	32	法国	163
第6组	大格里芬旺代短腿犬	33	法国	175
第6组	阿提桑诺曼底短腿犬	34	法国	178
第6组	蓝色加斯科涅短腿犬	35	法国	180
第6组	浅黄不列塔尼短腿犬	36	法国	176
第6组	芬兰猎犬	51	芬兰	179
第6组	波兰猎犬	52	波兰	173
第6组	施韦策猎犬	59	瑞士	168
第6组	伯尼猎犬	59	瑞士	168
第6组	汝拉猎犬	59	瑞士	168
第6组	卢斯纳劳佛犬	59	瑞士	168
第6组	斯维则劳佛犬	59	瑞士	168
第6组	小瑞士猎犬	60	英国	
第6组	小伯尼猎犬	60	德国	
第6组	小汝拉猎犬	60	爱尔兰	
第6组	小卢斯纳劳犬	60	英国	
第6组	小斯维则劳犬	60	英国	
第6组	施蒂里亚粗毛猎犬	62	奥地利	175
第6组	奥地利黑褐猎犬	63	奥地利	170
第6组	格里芬法福德布列塔尼犬	66	法国	
第6组	小格里芬旺代犬	67	法国	80
第6组	提洛尔猎犬	68	奥地利	169
第6组	寻血犬	84	比利时	171
第6组	威斯特拉克斯布若卡犬	100	德国	
第6组	斯莫兰猎犬	129	瑞典	
第6组	赘沃犬	130	瑞典	178
第6组	席勒猎犬	131	瑞典	
第6组	汉密尔顿猎犬	132	瑞典	180
第6组	罗德西亚脊背犬	146	南非	105
第6组	塞尔维亚猎犬	150	塞尔维亚·黑山	
第6组	依斯特拉短毛猎犬	151	克罗地亚	167

分组	犬种名称	犬种编号	原产地	所在页码
第6组	依斯特拉粗毛猎犬	152	克罗地亚	167
第6组	大麦町犬	153	克罗地亚	58
第6组	颇赛克猎犬	154	克罗地亚	174
第6组	波西尼亚粗毛猎犬	155	前捷克斯洛伐克	
第6组	英国猎狐犬	159	英国	174
第6组	比格猎兔犬	161	英国	39
第6组	巴吉度猎犬	163	英国	66
第6组	意大利猎犬	198	意大利	173
第6组	挪威犬	203	挪威	
第6组	西班牙猎犬	204	西班牙	168
第6组	汉诺威嗅猎犬	213	德国	172
第6组	希腊猎犬	214	希腊	
第6组	巴伐利亚猎犬	217	德国	172
第6组	法国三色猎犬	219	法国	179
第6组	法国黑白猎犬	220	法国	
第6组	南斯拉夫三色猎犬	229	塞尔维亚·黑山	
第6组	川斯威尼亚猎犬	241	匈牙利	169
第6组	斯洛伐克猎犬	244	原捷克斯洛伐克	171
第6组	阿尔卑斯克斯布若卡犬	254	澳大利亚	177
第6组	海根猎犬	266	挪威	
第6组	哈尔登猎犬	267	挪威	
第6组	黑山山地犬	279	塞尔维亚·黑山	
第6组	大格里芬旺代犬	282	法国	162
第6组	大哈利犬	290	法国	164
第6组	奥达猎犬	294	英国	176
第6组	哈利犬	295	英国	164
第6组	德国猎犬	299	德国	177
第6组	黑褐猎浣熊犬	300	美国	170
第6组	美国猎狐犬	303	美国	181
第6组	法国白橙猎犬	316	法国	
第6组	大英法三色犬	322	法国	
第6组	大英法黑白色犬	323	法国	
第6组	大英法白橙猎犬	324	法国	
第6组	英法小猎犬	325	法国	161
第6组	意大利猎犬	337	法国	173
第7组	英国指示犬	1	英国	105
第7组	英国雪达犬	2	英国	95
第7组	戈登雪达犬	6	英国	117
第7组	匈牙利短毛指示犬	57	匈牙利	115
第7组	西班牙指示犬	90	西班牙	
第7组	布列塔尼犬	95	法国	108
第7组	德国硬毛指示犬	98	德国	101
第7组	魏玛猎犬	99	德国	71
第7组	魏玛猎犬（长毛）	99	德国	192
第7组	克雷那明斯特兰德犬	102	德国	190
第7组	蓝皮卡第猎犬	106	法国	188
第7组	法国硬毛指示犬	107	法国	186
第7组	皮卡第猎犬	108	法国	187
第7组	蓬托德梅尔猎犬	114	法国	187

分组	犬种名称	犬种编号	原产地	所在页码
第7组	布拉克圣日耳曼猎犬	115	法国	182
第7组	德国长毛指示犬	117	德国	191
第7组	大明斯特兰德犬	118	德国	104
第7组	德国短毛指示犬	119	德国	184
第7组	爱尔兰红色蹲猎犬	120	爱尔兰	74
第7组	法国加斯科涅指示犬	133	法国	183
第7组	法国比利牛斯指示犬	134	法国	191
第7组	意大利硬毛指示犬	165	意大利	194
第7组	法国猎犬	175	法国	186
第7组	艾瑞格指示犬	177	法国	182
第7组	波旁指示犬	179	法国	184
第7组	布拉克德奥弗涅犬	180	法国	183
第7组	葡萄牙指示犬	187	葡萄牙	193
第7组	意大利指示犬	202	意大利	193
第7组	卷毛指示犬	216	德国	185
第7组	斯塔比荷猎犬	222	荷兰	189
第7组	荷兰猎鸟犬	224	荷兰	189
第7组	德国卷毛指示犬	232	德国	
第7组	匈牙利硬毛指示犬	239	匈牙利	192
第7组	塞斯凯福瑟克犬	245	捷克共和国	185
第7组	丹麦老式指示犬	281	丹麦	
第7组	斯洛伐克硬毛指示犬	320	斯洛伐克	188
第7组	爱尔兰红白蹲猎犬	330	爱尔兰	190
第8组	英国可卡犬	5	英国	53
第8组	葡萄牙水犬	37	葡萄牙	194
第8组	德国猎鸟犬	104	德国	199
第8组	法国水犬	105	法国	195
第8组	克伦伯猎犬	109	英国	97
第8组	卷毛寻回犬	110	英国	107
第8组	黄金猎犬	111	英国（苏格兰地区）	38
第8组	平毛寻回犬	121	英国	55
第8组	拉布拉多寻回犬	122	英国	36
第8组	田野猎犬	123	英国	198
第8组	爱尔兰水犬	124	爱尔兰	195
第8组	英国史宾格犬	125	英国	78
第8组	威尔士激飞猎犬	126	英国（威尔士地区）	198
第8组	苏塞克斯猎犬	127	英国	119
第8组	美国可卡犬	167	美国	41
第8组	韦特豪犬	221	荷兰	197
第8组	切萨皮克湾寻猎犬	263	美国	101
第8组	罗曼娜水犬	298	意大利	197
第8组	美国水犬	301	美国	196
第8组	斯科舍诱鸭寻回犬	312	加拿大	109
第8组	库依克豪德杰犬	314	荷兰	81
第8组	西班牙水犬	336	西班牙	196
第9组	马尔济斯犬	65	地中海中部	32
第9组	蝴蝶犬（直立耳）	77	法国、比利时	26
第9组	蝴蝶犬（垂耳）		法国、比利时	
第9组	布鲁塞尔格里芬犬	80	比利时	75
第9组	比利时格里芬犬	81	比利时	104
第9组	短毛伯菲斑松犬	82	比利时	96
第9组	法国斗牛犬	101	法国	31

分组	犬种名称	犬种编号	原产地	所在页码
第9组	查理王小猎犬	128	英国	110
第9组	骑士查理王小猎犬	136	英国	35
第9组	波士顿梗犬	140	美国	44
第9组	贵宾犬 标准型 中型 迷你型 玩具型	172	法国	24
第9组	克罗姆费兰德犬	192	德国	201
第9组	博洛尼亚犬	196	意大利	83
第9组	日本狆犬	206	日本	50
第9组	北京犬	207	中国	45
第9组	西施犬	208	中国（西藏地区）	28
第9组	西藏梗犬	209	中国（西藏地区）	95
第9组	卷毛比熊犬	215	法国	57
第9组	吉娃娃犬	218	墨西哥	23
第9组	拉萨阿普索犬	227	中国（西藏地区）	82
第9组	西藏猎犬	231	中国（西藏地区）	77
第9组	罗秦犬	233	法国	199
第9组	哈威那犬	250	地中海西部	200
第9组	巴哥犬	253	中国	34
第9组	棉花面纱犬	283	马达加斯加	200
第9组	中国冠毛犬	288	中国	63
第9组	俄罗斯玩具犬（平毛） 俄罗斯玩具犬（长毛）	352	俄罗斯	201
第10组	灵缇犬	158	英国	114
第10组	爱尔兰猎狼犬	160	爱尔兰	90
第10组	惠比特犬	162	英国	72
第10组	猎鹿犬	164	英国（苏格兰地区）	202
第10组	斯卢夫猎犬	188	摩洛哥	202
第10组	波索犬	193	俄罗斯	64
第10组	意大利灵缇犬	200	意大利	47
第10组	阿富汗猎犬	228	阿富汗	78
第10组	匈牙利灵缇犬	240	匈牙利	204
第10组	萨路基犬	269	伊朗	74
第10组	西班牙灵缇犬	285	西班牙	203
第10组	阿沙瓦犬	307	马里	203
第10组	波兰灵缇犬	333	波兰	204
未认证	波丹克安达鲁兹犬		西班牙	208
未认证	马吉尔森犬		荷兰	209
未认证	兰开夏赫勒犬		英国	209
未认证	琉球犬		日本	208
未认证	巴斯特加利亚诺犬		西班牙	207
未认证	布拉格瑟瑞克犬		捷克	206
未认证	川上犬		日本	210
未认证	美洲无毛梗犬		美国	205
未认证	美国斗牛犬		美国	205
未认证	莫斯科护卫犬		俄罗斯	207
未认证	波西米亚斑点犬		原捷克斯洛伐克	206

TITLE:［最新版　愛犬ベストカタログ331種］

BY:［有限会社グラスウインド］

Copyright © KASAKURA PUBLISHING Co.,Ltd.

Copyright © GRASSWIND Co.,Ltd

Original Japanese language edition published by KASAKURA PUBLISHING Co.,Ltd.

Chinese translation rights arranged with KASAKURA PUBLISHING Co.,Ltd.,Tokyo through Nippon Shuppan Hanbai Inc.

本书由日本株式会社笠仓出版社授权北京书中缘图书有限公司出品并由河北科学技术出版社在中国范围内独家出版本书中文简体字版本。

著作权合同登记号：冀图登字 03-2013-139

图书在版编目（CIP）数据

名犬图鉴 : 331 种世界名犬驯养与鉴赏图典 / 日本芝风有限公司编著 ; 崔柳译 . -- 石家庄 : 河北科学技术出版社 , 2013.11（2021.4重印）

ISBN 978-7-5375-6449-6

Ⅰ . ①名… Ⅱ . ①日… ②崔… Ⅲ . ①犬－驯养－图集②犬－鉴赏－图集 Ⅳ . ① S829.2-64

中国版本图书馆 CIP 数据核字 (2013) 第 227074 号

名犬图鉴：331 种世界名犬驯养与鉴赏图典

日本芝风有限公司　编著　崔　柳　译

策划制作：北京书锦缘咨询有限公司（www.booklink.com.cn）
总 策 划：陈　庆
策　　划：李　卫
责任编辑　刘建鑫
设计制作：王　青

出版发行　河北科学技术出版社
地　　址　石家庄市友谊北大街 330 号（邮编：050061）
印　　刷　河北景丰印刷有限公司
经　　销　全国新华书店
成品尺寸　170mm×240mm
印　　张　14
字　　数　124 千字
版　　次　2014 年 1 月第 1 版
　　　　　　2021 年 4 月第 10 次印刷
定　　价　59.80 元